BLACK SWAN 黑天鹅图书

为 人 生 提 供 领 跑 世 界 的 力 量

BLACK SWAN

# 一学就会的便笺笔记法

一冊の「ふせんノート」で人生は、はかどる

[日]坂下仁 著
金磊 译

中国友谊出版公司

**图书在版编目（CIP）数据**

一学就会的便笺笔记法 /（日）坂下仁著；金磊译.
—北京：中国友谊出版公司，2018.7
ISBN 978-7-5057-4410-3

Ⅰ.①一… Ⅱ.①坂… ②金… Ⅲ.①思维方法—通俗读物 Ⅳ.①B80-49

中国版本图书馆CIP数据核字（2018）第134595号

**版权合同登记号 图字：01-2018-5265**



**书名** 一学就会的便笺笔记法
**作者** [日]坂下仁 著 金磊 译
**出版** 中国友谊出版公司
**发行** 中国友谊出版公司
**经销** 新华书店
**印刷** 三河市冀华印务有限公司
**规格** 880毫米×1230毫米 32开
7.75印张 132千字
**版次** 2018年8月第1版
**印次** 2018年8月第1次印刷
**书号** ISBN 978-7-5057-4410-3
**定价** 42.80元
**地址** 北京市朝阳区西坝河南里17号楼
**邮编** 100028
**电话** （010）64668676

**如发现图书质量问题，可联系调换。质量投诉电话：010-82069336**

# 前　言

## 你的笔记本与手账都发挥出百分之百的作用了吗?

你的笔记本与手账都得到百分之百的运用了吗?

说来也许会让你感到意外，如果你真的百分之百用好了手上的笔记本与手账，那么你的大多数烦恼都将会烟消云散，从此拥有一个理想的人生状态。

而且，**这不仅限于商务人士哦。**

无论你是**新入职的员工、管理者、创业者，还是家庭主妇、在校学生，**都是如此。

但遗憾的是，几乎所有人都没能真正用好笔记本与手账。而且，智能手机或平板电脑等设备给我们带来的帮助也是不够的。这一点我们会在后文中详细说明。

有的人认识到了这些问题，于是便买来很多介绍“做笔记”以及“做记录”方法的书籍杂志，还试用过各种类型的手账与笔记本，但都半途而废，没能坚持下来。

那么，各位读者，你又是怎样的状态呢？

这里准备了一份自检表，请对照着每一条来进行确认吧。

**自检表**

□好不容易冒出的想法，在还没记下来之前就忘记了

□记有未来打算的笔记找不到了

□不善于日程管理与任务管理

□笔记本或手账上的内容乱七八糟、没有章法

□无法随自己所愿地化解工作上的烦恼

□金钱方面的困扰迟迟无法解决

□人际关系也谈不上有多和谐

□对将来的不安全感总是无法消除

□头脑中没有新的创意

□很难将学到的东西运用到工作和生活中去

如果达到 6 条以上的话，则说明目前的你并没有运用好笔记本与手账。长此以往，你可能就要过那种后悔不已、处处受限的

生活了。如果你想解决眼前的这些烦恼，就应该重新学习如何使用笔记本与手账。只要掌握了“便笺笔记法”，就能让你的人生拨开云雾见天明。

如果是不满5条，则表示你已经能很好地运用笔记本与手账了，或者你就是那种不需要借助笔记的天才。这让你暂时松了口气，如果你能读完本书并掌握“便笺笔记法”的话，将能使你的成果倍增哦。

接下来，我们将会讲述普通做笔记的方法与“便笺笔记法”之间的区别。如果你已经迫不及待想要学习这种“便笺笔记法”的话，可以直接从第2章的内容开始看起，也是没有问题的。

那么，让我们赶快开始吧。

坂下仁

# 目　录

CONTENTS

CONTENTS

●○ CONTENTS

CONTENTS

# 序章

## 仅靠“一张纸”就能拯救破产危机

### ◎ 一“纸”之差就能让你大受损失

当下，你最大的烦恼是什么?

工作、人际关系、金钱、未来的前途……人的烦恼何其多，却又不知道该如何是好。

可是，如果我告诉你，利用特别的方法，仅靠一张纸，就能轻松地解决掉这些烦恼，让你从此拥有理想的人生，你是否愿意去尝试呢?

其实，很多人身上的这种不安与烦恼都是有某种相通之处的。而往往就是因为一“纸”之差，才让人走上了“损失惨重”的人生道路。人们常说“笨蛋与天才是一张纸的两面”，而我想说的是，这世界上的一切，真的就只是因为一“纸”之差而变得不同的。

例如：贫穷与富有的差别，归根结底就是一“纸”之差；幸福与不幸、生与死等也都是一“纸”之差；天堂与地狱的区别，也就是一“纸”之差而已。

你自己和家人能否拥有幸福的人生，全部是由“一张纸”而决定的。

请回忆一下，迄今为止你所经历的那些辛劳，还有那些让你后悔的事情。你会想：“当时怎么会做那样的傻事？”是否就是因为这细微的差别，才导致你饱尝苦果的呢？

如果你是因为不够努力或者能力不足，也就罢了。可如果你只是因为运气稍稍差了一些，就失败或有所损失，那就真的会让人悔恨不已。

因为我自己也曾经历过这些事情，所以对于你的心情，我非常理解。

仅仅是“一纸之差”，就让机会从手中逃走，最关键的时刻自己却不在状态……

还记得电视剧《半泽直树》中所描写的那种银行职员的世界吗？我曾经就在那样的环境里摸爬滚打了25年以上，而现实情况真的就如电视剧中所描写的一样。

很多难以用常识去理解的这件事、那件事、那样的蠢事，我在现实中都经历过，随便哪一件都是能让媒体争相报道的“猛料”。

在个人生活方面，我带着“经济专家”的自负心态开始投身股市，意气风发地投进去，结果落了个接近破产的窘境。

而这些与银行内部的事情比起来，都还算好的呢。工作上总是事与愿违，到最后无论是我的钱包还是内心，都疮痍满目。

总结起来，我的前半生就是在工作和人际关系上不自由、在时间与金钱方面不自由中度过的，自己简直就像是一个“不自由人生的展览品”。没钱、没时间、没自信——这“世界三大借口”在我身上倒是真真实实地体现着。

后来，我仅用“一张纸”就扭转了这个局面，成功实现了时间自由、财务自由、自信自由。从此，我从不自由的人生转变成了自由的人生。

## ◎ 靠“一张纸”反败为胜

我天生就是一种懒散的性格，所以在使用手账方面也不是很擅长。自从走上社会以后，连笔记本都没再用过。字写得也不好，我后来甚至还说过“还是阿拉伯数字更好认”这样的话。

可就是这样的我，最终通过“使用一张纸的特殊方法”，让自己的人生走上了正轨。

在公司里，托“一张纸”的福，我的工作变得更顺利，也像大家一样获得了晋升。在个人生活上，也开辟了自己的副业，成功开办了公司，并让妻子当上了社长，我也从破产的边缘活了过来。后来，我又出版了《马上就让妻子当上社长吧》一书，还有超过300名的听众登记预约了我的演讲课，这些都是拜这“一张纸”所赐。

靠这“一张纸”，我不仅实现了赚钱的梦想，而且找到了写书和开讲座当讲师这样的职业生涯，即使离开那种如电视剧般的银行生活，也没有问题。

运用好这“一张纸”，能够掩盖自身的短板，从大多数的烦恼和不安中解脱出来；也能让家庭关系变得更加和睦，并过上财务自由的生活。可以说，我之前那种惨淡的人生，就是靠这“一张纸”逆转的。

## ◎ 能消除烦恼并实现梦想的“不可思议之纸”

无须金钱，没有任何风险或者烦琐的过程，只需要“一张纸”，就能使你的人生大变样。这真是让人想拒绝都没有理由啊！本书要教你的就是这种能改变人生、出人意料地使用“一张纸”的方法。

不过话说回来，具有如此威力的“一张纸”，到底是什么呢？

还是让我开门见山地说吧。

**这“一张纸”，其实就是“背面有大面积粘胶的大号便笺纸”。**

没想到吧，具有能逆转惨淡人生的“一张纸”，竟然只是一张“便笺纸”。

不过，如果像普通的便笺那样来用的话，就完全没有效果了哦。我们需要转变自己的想法，以特别的方式来使用它，这样才能让我们的人生柳暗花明。

以前无论是工作还是个人生活，总在关键时刻因为细小的差距而一败涂地的我，以一种特别的方式，用一张便笺纸成功实现了逆袭。

我把这种便笺的特殊用法叫作“便笺笔记法”。

## ◎ 将便笺纸变成“魔法之纸”

在这里，我想就我所发明的这种特殊用法，即“便笺笔记法”，做一个简单的说明。

通常一听到“便笺”这两个字，人们能想起的都是那种有颜色的小纸片吧。而且，几乎所有人都只是为了方便找到重要的位置，才使用便笺纸，将其贴在上面做记号。

如果只是拿来做记号的话，那么有不同的颜色，并且本身尺寸很小的便笺纸的确是够用了。由此可见，无论是以前还是现在，便笺纸的主流都是“小号便笺”。

但是，在“便笺笔记法”中，**不会把便笺纸拿来做记号。**

而且，在“便笺笔记法”中，**便笺纸会有一种出人意料的用法。**

具体来说，就是不再用便笺来做记号，而是将便笺纸当作笔记本或手账来使用。因此，就没有必要再在笔记本或手账上写写画画了。所有的内容都要写到便笺纸上，之后要做的就是**将这些写好的便笺纸贴到一个 A4 开本的笔记本上即可。**

也就是说，在“便笺笔记法”中，**笔记本就只是拿来粘贴便笺纸的一个“册子”而已。**

详细的内容会从第 1 章开始介绍，这里只是希望大家能明白，将所有要记录的内容都写到大号的便笺纸上，然后将其粘贴到 A4 开本的笔记本上，这样一种有违常识的特殊做法，能够解决迄今为止我们在做笔记时出现的很多问题。

其结果，就是你将形成一种新的“思维模式”，从而有效地消除你所遭遇的那些烦恼。

这里我也不怕引起大家的误解，我觉得，只要掌握了“便笺笔记法”，你就不再需要依赖那些传统的笔记本了。

灵活运用“便笺笔记法”，能让你之前所用的那些做笔记的

## “便笺笔记法”将便笺纸本身用作记录内容的载体

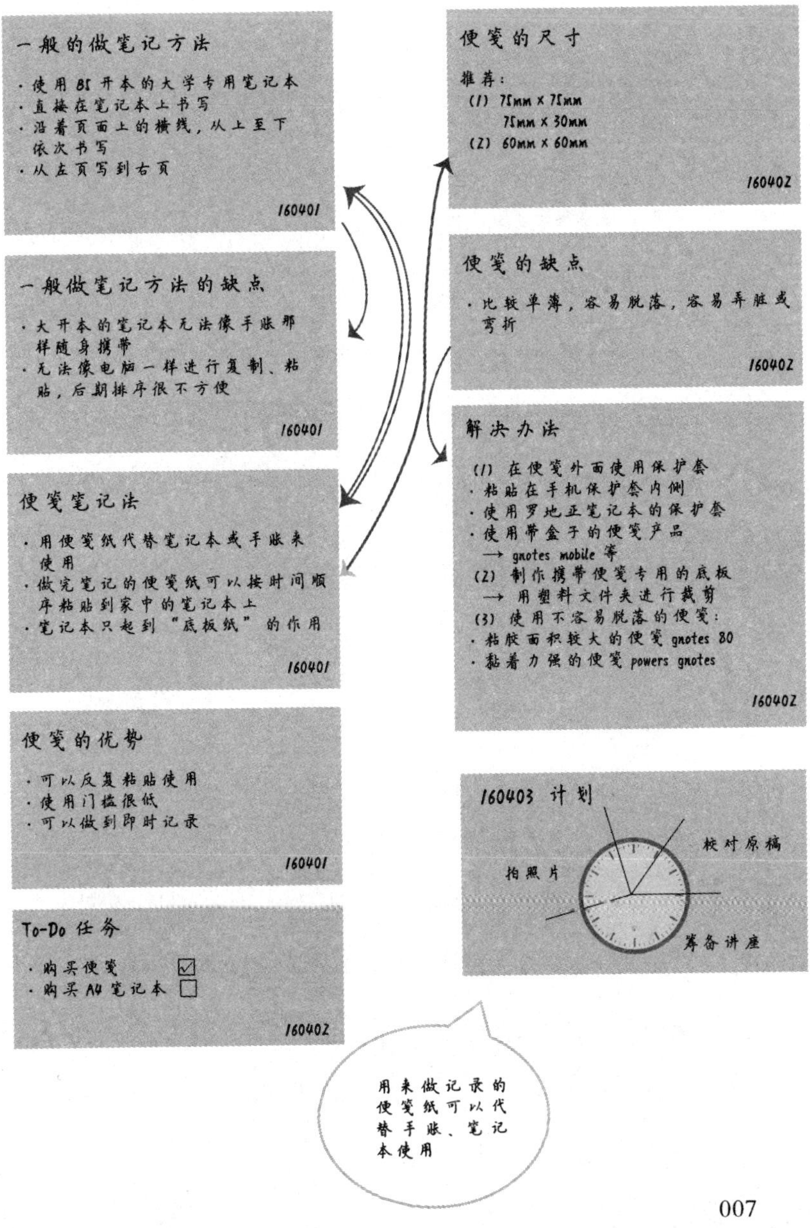

# 传统的笔记本与便笺纸的用法
## ——主要用便笺纸来做记号或补充内容

160401

○ 一般的做笔记方法

- 使用B5开本的大学用笔记本
- 直接在笔记本上书写
- 沿着页面上的横线，从上至下依次书写
- 从左页写到右页

拿来做记号的便笺纸

○ 一般做笔记方法的缺点

- 大开本的笔记本无法像手账那样随身携带
- 无法像电脑一样进行复制、粘贴，后期排序很不方便

○ 便笺笔记法

- 用便笺纸代替笔记本或手账来使用
- 做完笔记的便笺纸可以按时间顺序粘贴到家中的笔记本上
- 笔记本只起到"底板纸"的作用

○ 便笺的优势

- 可以反复粘贴使用
- 使用门槛很低
- 可以做到即时记录

160402

○ 便笺的尺寸

推荐：(1) 75mm × 75mm 或 75mm × 30mm
(2) 60mm × 60mm

○ 便笺的缺点

- 比较单薄，容易脱落
- 容易弄脏或弯折

便笺的优势

缺点

拿来补充内容的便笺纸

解决办法

(1) 在便笺外面使用保护套

方式和技巧“威力”倍增，也**可以让你已经用习惯的手账和笔记本变得更加有用**。所以说，这真是一个神奇的方法。

像这样用便笺纸代替笔记本和手账来使用的话，就能让你从此“不战而胜”[1]。

## ◎ 超越了“笔记方法”的范畴，涵盖工作方法、创意方法的“思维模式”

虽然名字叫作“便笺笔记法”，但其本质上是一种“思维模式”。在掌握这种“思维模式”的基础上，将其与你的实际情况相结合，就能随心所欲地进行变化。

“便笺笔记法”作为一个平台，可以兼容你的手账或笔记本的所有使用方式。

而如果是从“思维模式”的角度来看的话，再进行“手账使用方法”“笔记本使用方法”“做笔记的方法”等这样细致的分类，就显得毫无意义了。

因为“便笺笔记法”可以说已经超越了“手账使用方法”“笔记本使用方法”“做笔记的方法”等概念的范畴，涵盖了“创意方法”“工作方法”“学习方法”等所有的内容。

[1] 日语中“不战而胜（不戦勝）”的词头和“便笺”的发音一样。

在本书中，会经常出现“手账使用方法”“笔记本使用方法”或者“做笔记的方法”这样的字眼，但这只是为了表达上的方便而已。各位读者不必过于在意这些词的意思，直接一眼掠过即可。

其实，我跟大家一样，也曾在很长一段时间里尝试过各种各样“做笔记的方法”。我曾用过的方法有：口袋手账、皮质手账、A5开本的手账、“梦想实现”手账、活页笔记本、日程记事簿、“超级”整理手账、W-ZERO 3、Sigmarionll[1]、A5开本的笔记本、B5开本的笔记本、便携便笺本等。遗憾的是，没有一个是让我用得称心如意的。

经过不断的试错之后，我终于找到了一个称手的工具，那就是“便笺笔记”。这是唯一一个能让我随心所欲地使用的工具，而接下来我要介绍的就是“便笺笔记法”。

之所以将这一方法公之于众，是因为我对其充满了信心，我觉得这就是“最棒的方法”。你看，即使是堪称“懒散”代言人的我，也能毫不费力地将其轻松地运用起来。

[1] 由于日本人几乎都有随身携带手账或笔记本记录事情的习惯。因此，在日本市场上，手账和笔记本的种类特别多，有一些可能是国内读者不太熟悉的。而像W-ZERO 3、Sigmarionll则是两种便携式的PDA掌上电脑。

迄今为止我用过的堆积如山的手账与笔记本

## ◎ 没有掌握文字的民族与不擅记录的个人都没有胜算

“文字的发明”可以说为我们人类的进步做出了巨大的贡献。

人类的祖先最初发明的是象形文字，通过将其刻在黏土板或石块上来记录事情，后来文字经历了快速的进化。

我们都知道这样一个事实：那些没有掌握文字，仍然靠口耳相传的民族，逐渐就衰落了，而掌握了文字的民族都变得越来越强盛了。

可以说，没有掌握文字的民族，没有学会使用文字的群体，是没有胜算的。同样，没有学会如何做笔记的个人，也是没有胜算的。想不依赖做笔记让自己生存下去，是十分困难的一件事。

那么，为什么文字会影响到文明兴衰与民族存亡呢？原因就在于，人类大脑的能力，即“脑力”，是有极限的。

能在一瞬间记住庞大的信息，将其一直保存在脑海中从不忘记，并在需要的时候能立刻回想起来，还能将这些信息重新组合，从而迸发出新的创意和想法……如果你拥有这如神一般的伟大能力，那么恭喜你，你确实没有将这些文字、数字和图像记录到纸上的必要了。因为所有的思想活动在你的头脑中就能全部完成了。

但是，我们每个人的记忆量和准确度都是有限的。而且，悲催的是我们曾经记住的大半内容，都无法再被回想起来。

这些记忆应该就沉睡在我们大脑中的某个“抽屉”里。但是，到底是以何种形式沉睡在哪个“抽屉”里的，我们就不得而知了。因此，也很难轻松地回想起来。

即使想起来了，但要将如此多的记忆完全运用起来，也不是一件容易的事。正因为存在着这样的极限，所以我们才有必要用笔做记录。

如果你不想依赖记录，而是在自己的大脑中解决所有的烦恼事，那是不可能的。智商高达一百多的天才暂且不论，至少对于我们这样的普通人来说，这几乎是不可能完成的任务。

所以，面对工作上、个人生活上、金钱方面、未来前途方面的这些烦恼，如果你想多多少少加以解决的话，那就最起码要学会做笔记的方法。这是最基本的前提条件。

那些不依靠记录、仅凭大脑就能解决问题的人，都是像达·芬奇、爱迪生这样的天才。

不，实际上，即使像他们这样的天才，也都留下了海量的笔记呢。

如果你已经认识到自己既不是天才，也不是有天分的人，那么还是最好学一学如何做笔记吧。

我想很多读者已经下意识地感受到了“在笔记本或手账上做笔记”这件事的重要性了。

通过做笔记，能够弥补脑力的不足，并能让潜在的脑力成倍地显现出来。

## ◎“便笺笔记法”能帮助你在金钱和工作方面取得突破

别看我现在能靠“便笺笔记法”过得这么轻松，其实，在之前几十年的时间里，我也是非常不善于使用手账和笔记本而过得很辛苦的人。

因为，对于字写得不好又懒于进行整理工作的我来说，要学会熟练使用笔记本和手账，简直就像是要我做俯卧撑一样“难于上青天”。

不过，后来偶然间看到了由德国出品的大号便笺纸 gnotes 80，让我想到了一个根本性的解决办法。

而且，当我掌握了这种方法后，我也发现了工作上那些隐藏于根源中的问题。

例如，在工作中，我们常常基于总部的想法来进行讨论，却忽视了自己已经远离了生产第一线。这样一种抽象的讨论，无异于是“纸上谈兵”，很容易落入那种“企图从理论上推导出原因”的思维陷阱。

但是，真正的原因往往都隐藏在第一线的隐性知识（Tacit Knowledge）中，是无法用理论推导出来的，我们只有通过在营业现场随手记下的内容，才能够注意到这一事实。

举一个例子，面对一个业绩很糟糕的销售员，我们往往会推断其对于商品知之甚少，同时对于守法经营（作为一家企业所需遵守的法律法规）、业务规则等的认识可能还不够明了，所以他的销售数字一直没有增长，还出现了不少事故。

但是，现实情况是，仅仅是因为其与顾客之间没能构建起信赖的关系，所以才导致业绩很差，问题不断。

其实，就算是业绩良好的职员，其所具有的知识水平也可能与业绩不好的职员是同等程度的，只不过因为其与顾客建立了良好的关系，很好地掩盖了这一点而已。

如果我们能在现场**将这些隐性知识都记下来，并形成"可以串联到一起的便笺"**，那么我们就能发现这些隐藏于根源中的问题了。

个人生活上的烦恼也是同样的道理。特别是如果你能够解决金钱方面的问题，将会使你和家人的生活得到巨大的转变。

就像"哥伦布竖鸡蛋"的故事所说的道理一样，实际去尝试了才知道特别简单，简单到谁都能轻松地做到。我从破产的边缘挣脱出来，获得"财务上的自由"是如此，成为一名作家也是如此，这些都是拜便笺笔记所赐。

有将近10万名读者，在看过我的《马上就让妻子当上社长吧》《总之先让妻子成为社长吧》这两本书后，产生了强烈的共鸣。而且，我每天都能收到一些获得了"财务自由"的人发来的反馈。生活上的很多问题，大多源自金钱的不自由，从这方面来说，我确实为他们做出了很大贡献呢。

灵活运用便笺笔记将会使这种改善现状的效果倍增。因为，不仅仅是金钱上的烦恼、学习上的烦恼，就连工作上的烦恼、人际关系上的烦恼，都能通过这种“思维模式”进行解决。

# 第一章

# 为什么你用不好手账和笔记本?

在你的手账上面，是不是理所当然地都事先印上了通信录和笔记栏，还有很多关于度量衡和地图的内容？虽然感觉厂家很贴心，但这些信息对你来说，难道不都是些多余的内容吗?

## “笔记迷茫一族”诞生的原因

市面上的手账与笔记本产品种类庞多。而且，与这个数量成正比的，是各种泛滥的“手账使用方法”“笔记本使用方法”。

你是否也每年都更换手账呢？你是否也曾尝试过各种用手账或笔记本做笔记的方法？

很多人因为找不到完全适合自己的方法，所以一直处于彷徨和迷茫之中，我将他们称为“笔记迷茫一族”。

而且，几乎每个当事人都没有认识到自己是“笔记迷茫一族”中的一员。

那么，为什么会诞生“笔记迷茫一族”这样的群体呢？

是因为自己不够努力吗?或者说是感觉和才能方面有问题?

我认为最大的原因在于,这个世界上没有一种简单的做笔记方法(或者说手账、笔记本的使用方法),能够完全满足“做笔记最重要的要求”。

对于“做笔记”来说,有以下三个最重要的要求:

**1. 能瞬间将自己关注的事情、头脑中的闪光点以及重要的信息进行简单的记录(即时记录)**

无论多么重要的事情,如果不马上记下来的话,就会忘掉。因此,我们必须做到在任何时候、任何地点都能马上将自己的所思所想记录下来。

所以,无须多余的步骤就能即时记录的“便捷性”,能时常将笔记带在身边的“便携性”,是两个必要条件。

**2. 做完笔记后,要能很迅速、很简单地找出来(快速检索)**

如果忘记了重要的内容都记在哪儿了,那么“做笔记”这件事本身也就失去了意义。

因此,我们要做到将所有的笔记都“集中保管”,还要注重能迅速找出我们想要的内容的“一览性”。

**3. 能够有效灵活地运用笔记(灵活高效)**

如果不能解决烦恼与问题,不能实现梦想与目标,那么也就失去了做笔记的意义。因此,要能结合自身的喜好来寻找做笔记的方法，然后有效、自由地加以运用，即所谓的“灵活性”。比如，全球通用的标准 A4 开本的手账或笔记本，我们不能忽视的一个重要特性就是“A4 开本的兼容性”。

除此之外，如果成本相对比较低廉的“经济性”手账或笔记本，同时能兼顾任务管理与日程管理的话，那就是一个完美的做笔记的工具了。

总之，**在满足这三大要求的同时，还必须足够简单，让任何人都能一直轻松地使用下去**（即所谓的“持续性”和“简便性”）。

乍一看，都是些理所应当的内容，应该谁都能很容易做到吧。

但是，好像无论怎么寻找，都找不到能真正满足这些必要条件的手账或笔记本，还有相应的使用方法。

每到新年前后，很多人就会变成“笔记迷茫一族”，开始陷入“寻找理想的笔记本与手账”的迷茫之中。

证据之一就是每到新年前后，各大文具店和书店里都会摆满种类庞多的手账与笔记本。种类是越来越多了，但让我们找到适合自己的，却变得越来越难了。

这样下去的结果，就是我们花费了大把时间，却仍然寻觅不到理想的手账或笔记本。最后只能选择妥协，随机选择一个就在自己眼前的手账或笔记本。可想而知，这样做出的选择，肯定是不适合自己的。

如果你稍加注意，就会意识到，自己现在每天都在遵照那些熟悉却无用的常识，在手账或笔记本上做笔记。

你是不是认为所谓“做笔记”，就是在纸上写点什么?自会写字后，父母和学校的老师就教导我们做笔记就是将文字、数字或图表写下来，却从未教过我们如何正确、高效地做笔记。

所以，我们就觉得，从上往下沿着笔记本上的横线一直书写，从左页写到右页，就是理所当然的方式。

这就好比关于金钱的知识，无论是学校还是家庭，都没有教过我们什么是金钱的本质以及如何正确地使用金钱，所以导致我们在金钱方面犯错，蒙受巨大的损失。然而，大多数人却没有意识到这一点。

同样的道理，正因为从没有人教过我们做笔记的方法，所以我们觉得“用笔把纸上的空白处都写满”这种方式并没有任何违和感。

可是，如果我们没有掌握正确的方法，那么笔记本或手账就相当于一个毫无用处的东西了。

就好比没有安装 Windows 系统的电脑、没有安装 Android 系统的智能手机一样，毫无用处。

## 当你的手账变成“手铐”的一瞬间

最麻烦的就是手账了。因为你的手账可能并不是手账，而是“手铐”。不管是何种尺寸、何种样式，手铐依然是手铐。既然是手铐，就不可能像手账那样去使用。

尽管你每年都更换不同的手账，尝试不同的使用方法，但归根结底都是在做无用功。

当然，也许从外表上看，你的手账确实是一本手账，但是它具备什么样的功能呢？

你的手账能满足前面所说的“即时记录、快速检索、灵活高效”这三个最重要的要求吗？能让人不费力气、简单便捷地一直使用下去吗？能在细节之处给你带来帮助吗？那些设计得特别狭小的笔记栏，还有出厂时就印刷好的版式，是否都让你感到像戴了手铐一般受拘束呢?

如果的确是这样的话，那么你的手账所发挥的也许就不是手账的功能，而是“手铐”的功能了。所以，你才会感觉无法称心如意地使用手账。

而对于销售手账的卖家来说，恐怕做梦也想不到自己实际上卖的是“手铐”吧。

仔细看看你当前正在使用的手账，你就能明白我所说的。

你的手账上面是不是都事先印上了通信录和笔记栏，还有很多关于度量衡和地图的内容？虽然感觉厂家很贴心，但这些信息对你来说，难道不都是些多余的内容吗?

在你的手账上面，是不是还印制了很多类似“每月、每周、每日”这样分类的日历?

日程栏的大小、笔记位置的横线间隔等，是不是出厂时就被单方面设定好了?

你在手账上做笔记的格式，是不是也在出厂时就被印制好了?

而且，为了把内容都写进那狭小的笔记栏中，你是不是被迫把字写得特别小呢?

是不是为了方便携带，版式会设计得特别紧凑，其结果就是能拿来做笔记的页数被事先决定好了?

或者，为了记录更多内容而做成很大的开本，结果在携带时又觉得很笨重呢？

如果是这样，你在挑选手账的瞬间，可能这本手账就变成了在接下来的一年里束缚你的一副“手铐”了。

但是，毕竟“手铐”让人感到太拘束了，所以大部分人最后都难以忍受，要么选择了弃用，要么因其降低了工作效率。

不知不觉间，这个冠以“手账”之名的“手铐”变得对我们来说毫无益处，它的寿命也就到尽头了。

## 详细的规则和引导性的内容让人无法坚持使用下去

难道真要如此吗？还是在开玩笑？要详尽到这种地步吗？

这是当年参加世界知名的手账培训会时，让我难以忘怀的感受。我惊讶于如此高级的培训内容，一时间呆站在那里一动不动。

像本杰明·富兰克林这样的伟人、知名的企业家以及顾问，所发明创造出的做笔记方法，让我目瞪口呆。其中贯彻着很高级的理念，将方方面面都考虑在内，形成了一种体系化的理想方法，所以我对其产生了敬畏之情。

可是，每次当我看到这种带有详细使用规则的笔记本以及如同做学问般地做笔记的方法时，都不免会产生一丝疑惑——真的有这种必要吗？真能达到这些要求的人，会是一个什么样的人呢？

这也许是我的一种偏见吧，这样的做笔记方法可能真的只适合那 1% 的天才和精英，像我等这样的凡夫俗子绝对不要去模仿。即使模仿的话，对自己来说也将是一场“苦修”。

我从小时候开始就特别不善于整理和收拾，我的周围总是乱堆乱放着东西，真可谓是“混乱世界”啊。当然，我的母亲也总是批评我：“又搞得乱七八糟的！快把有用的东西都收拾整理好！”

走上社会以后，我的这种情况依然没有改变，每天都要接受妻子爱的鞭策：“又是这样！快把东西都放回原位去！”

虽然说有些跑题了，但是我真正想说的是，我就是这么一个无论什么时候都十分懒散的人。

当然，我并没有说你和我属于同一种类型。但是，如果你不属于那 1% 的天才和精英的话，那我们之间肯定还是有相似之处的。

让自己去使用那种“由高端人群想出的”高级做笔记方法，怎么看都有点强人所难啊。

作为现代人，我一年 365 天都处于紧迫状态之中，想最大限度地挣钱，让工作更有效率，又不想加班。我总是逼迫自己将那些“看似无法完成的事情”全部做完。你是不是也处于这样一种状态呢？

每天都有如此多的事情折腾着你，你哪里还顾得上什么“正确的做笔记方法”。

这就好像是对戴着手铐、身负枷锁的人喊“快给我全速奔跑”一样。

## 严格的规则将妨碍灵感的产生，会让你的思考“踩刹车”

我不喜欢“规则”这个词。因为所谓的“规则”，听起来就好像是“假设人都是缺乏伦理道德的，所以要给他们戴上手铐和脚链”。

但另一方面，从“最低程度的约束”角度来说，规则又是很重要的。这无关道德，若想让这个世界顺畅地运转起来，就需要用一些规则来加以约束。

最好理解的一个例子就是交通规则“红灯停，绿灯行”。那么，这么多的人聚集在公司里一起共事，类似这样的一些“约束”也是不可缺少的。

但是，**在手账的世界里，用来“约束”的规则，往往有些过度了。**其中有很多规则会让人有种“真是多管闲事”的感觉。假如此刻你正站在书店里看这本书的话，请你拿起其他两三本介绍做笔记方法的书。

你是不是发现书中会很诚恳地向你说明各种各样做笔记的规则呢？也许，对于那本书的作者来说，与其说这是规则，还不如看成是其日复一日做笔记所养成的习惯。

可是，**说到做笔记的方法，那可真的是“千人千面”**啊。我们完全没有必要规规矩矩地一条一条地记忆，并实践某人想出来的规则。

那样的规则，**只会限制你自由的想法，让你的思考“踩刹车”。**

要结合你的性格与工作，找到适合自己的方法——那肯定是这个世界上最适合你的方法。

这里我们讨论的话题，其实已经超出了“做笔记方法”的范畴。手账这一商品，往往是对规则的一种“强买强卖”。

哪怕你并没有这方面的需求，手账上还是会任性地印着横线。而且，这些横线的间隔迫使你只能把字写得特别小。也许有人喜欢使用带方格子的纸，但也有人就是喜欢一片空白的纸啊。

在尺寸上，也是让用户被迫接受很小的纸张。

日历方面也是，详细到每周、每月甚至是每天的安排，这些无不体现出手账制作者自己的价值观。

还有的手账会印上地图、路线图等这些各种各样“多管闲事”的内容。可对于用不上这些的人来说，就是一种干扰。

甚至某款知名的手账，会事先印上经典的使用方法，让人不由得感叹，真的有必要详细到如此地步吗？当然，如果能让用户在使用的过程中自觉养成某种好习惯的话，那肯定算是一款很棒的手账了。

所谓的自觉，大部分意味着要经历一场“苦修”才行。可是人类天生就喜欢避劳就逸，所以这种需要通过“苦修”才能掌握的做笔记方法，门槛太高了，让人很难坚持用下去。

## 你是否将掌握做笔记的方法当成了自己的目的？

无论多么优秀的手账产品或做笔记方法，如果没有人用的话，就是毫无价值的。因为说到底，手账毕竟只是一个工具。

大约在 10 年前，我曾经也为做笔记方法烦恼过很长一段时间。后来，我参加了 Franklin Planner[1] 举办的培训会，当时学到了很多使用笔记本的高级技巧。这些都是基于体系化、理论化的思考总结出的做笔记方法。

本杰明 · 富兰克林、史蒂芬 · 柯维 [2] 都是我所尊敬的人，是他们让我有了坚持使用这一做笔记方法的想法，并努力坚持了一段

[1]Franklin Planner：一家出品记事簿产品的公司，其名称取自伟人本杰明·富兰克林的名字，是为了向其致敬。

[2] 史蒂芬 · 柯维（Stephen Covey）：美国著名管理学大师，著有《高效能人士的 7 个习惯》《领导者准则》等畅销书。

时间。

但是，最后还是以失败而告终。

像 Franklin Planner 这样高级的手账，只有不断使用才能运用自如，否则你最终将会以“学会使用这一手账”为目的。因为它实在太过于高级复杂了。

结果就是，在使用手账前，还要被手账“虐待”一番。而事实是，手账本来应该是帮助我们工作的工具。

所以，在我们这样的普通人看来，这种高级的手账和做笔记方法反倒成了一种问题。

只有在两种情况下，普通人才会愿意坚持遵守十分详细的规则。

其一，在具有像信念、信条这样强烈动机的场合。

但是，我想能对手账或笔记本的详细规则抱有信念的人，应该只占少数吧。

其二，就是已经养成习惯了。

可是，人们常提到的健康的饮食、多做运动、有规律的生活作息等这些重要的事情都还难以养成习惯呢，更不要说特别详细且数量庞大的做笔记规则了，要想将遵守这些规则变成自己的一种习惯，应该也是不可能的。

所以这样一来，就是本末倒置了，而且这种情况不仅限于高级手账。像口袋手账这样的普通产品，人们也会弄错方向，最后把使用手账当成了目的。

原因就在于，手账这样的产品中有大量的需要填满的空白栏目。既然有空白的地方，就会让人不由得想去填满。

就好像你把木棒扔出去后，小狗就会跑去用嘴巴叼回来，这是它的一种习性。而小猫呢，只要一找到细小的缝隙，就想躲进去，这也是它的一种习性。同样的道理，人类也有不可思议的习性，就是想把空白都填满。

其结果就是手账上的日程栏、地址栏、To-Do 任务栏等这些地方，只要有空白之处，就想方设法地将其填满。总之，在手账上的空白之处都写上内容，变成了我们使用它的目的。

## 你所需要的仅仅是“A4 笔记本”和“便笺纸”

正如前面所说的，对于手账和笔记本来说，最重要的要求只有 3 点——简单到所有人都能做到：

**1. 即时记录**

**2. 快速检索**

**3. 灵活高效**

只要能满足这三点，就没有必要再在手账中硬性加入其他功能了。我并不是否认对用户习惯的引导，但是如果厂家对功能过于沉迷，就很难让人坚持使用下去，最后出现本末倒置的状况。

虽然这里有点“王婆卖瓜，自卖自夸”的感觉，但是我要教给大家的“便笺笔记法”确实能够满足这三大要求，而且能将你从手账和笔记本的“束缚”中解放出来，让你重获自由。这是一种任何人都能很轻松地坚持使用的方法。

使用空白的便笺会让人感觉更加自由，头脑中浮现的内容可以不经思考直接记录下来，变成可视化的文字。如果你记录的是接下来要去完成的任务事项，那么写完之后可以在末尾或开头位置添上 To-Do 任务表的“□”标记。你可以记录下任何内容，不管是头脑中的灵感，还是一些胡思乱想的内容，或者是一些感悟。

用来粘贴便笺的就是 A4 开本的学生用笔记本，如果将其摊开，又能当作 A3 开本的笔记本来使用。因此，不会有纸张尺寸上的限制。

你可以选用你中意的厂家生产的各种款式的笔记本。如果想要带横线的，那么无论是 A 款横线本、B 款横线本还是 C 款横线本，都没有问题。你也可以用带方格的或全空白的笔记本。根据使用者的创意，能够诞生出各种各样的使用方法。**只要保持“在便笺上记录，然后粘贴到笔记本上”这样的基本模式不变，今后你将会感到特别自由。**

## 因为简单才能让人坚持下去

能让人坚持下去的秘密，就在于“简单”二字。不管你做什么事情，如果很复杂的话就很难坚持做下去。

每到年头或某一年度开始时，大家都会想要换用新手账。一开始大家都是充满了干劲，带着激动的心情使用手账。可是，一个月以后，就会感觉使用方法太过复杂，最初制订的做笔记规则也很难遵守下去。翻开最初记录的几页内容，再看看最近几页的内容，就能明显感觉到差别。原因很明显，因为规则不够简单，导致记录方法过于烦琐，最终无法坚持用下去。

为了坚持完成复杂的事情，我们都需要有一些动力。而要想保持这种动力，必须有一个强大且稳定的“动力之源”。

给自己一些奖励，貌似能让人坚持下去。因而，这也是人们最容易想到的“动力之源”。

然而，总是给自己一些奖励却让人感到很吃力。因为通常来说奖励对身体和钱包都不是好方法。所以，人们一般会将意志力、毅力、耐性、勇气等当作自己的“动力之源”。

其实，这些也是靠不住的。这些所谓的精神力量，可以说是世界上最不稳定的“动力之源”了。典型的情况是，这样很容易让我们落入从坚持转变为备受挫折的陷阱之中。

所以，最好还是别寄希望于那些无用的“能量”。

一个好的“模式”应该是让人在任何时候，不管有没有意愿，身体状况如何，都能坚持去完成整件事。比如，一种最为经济省力的“模式”，能让人即使没有动力，也能继续做完整件事。

那么，回过头来看，“便笺笔记法”就是这样一种足够简单又几乎没有使用规则的好方法。将写好的便笺粘贴到 A4 笔记本上就可以了。与其说这是一条要求，不如说它是最为自然的方式。通过这样一种简单的“模式”，既能弥补便笺与笔记本的短板，又能强化各自的优势。正因为其简单，所以才能让人坚持使用下去。

## “门槛”够低，才会让人想去做笔记

可以说，这既是便笺，又不是便笺。说它是便笺，是因为其发挥出了便笺应有的威力。当我们在便笺上做笔记时，很少有人会想着要工工整整地按照顺序书写吧。无须深入地思考，只要将所思所想写下来即可。由此可见，便笺的一大特点是使用的“门槛”很低。

为什么说“门槛”很低呢？因为一张一张的便笺都是相互独立的，即使有写错的，也可以毫不顾忌地撕下来扔掉。

如果是笔记本或手账的话，恐怕就不能这样做了。如果在做笔记时写错了，就必须要擦掉重新写。而一般圆珠笔的笔迹又不是那么容易擦掉的，所以在书写时，自己就会特别注意不要写错了。

因此，不同于手账或笔记本，便笺的使用“门槛”比较低，可以让人轻松地进行记录。这就是便笺的优势。

而便笺笔记的另一大特点就是在使用成本上的“门槛”也很低。

不管发明出多么漂亮的手账，如果昂贵到自己的钱包承受不起的话，也是毫无意义的。

活页笔记本固然很好，但是购买和使用维护的成本很高。即使是口袋手账，也需要每年更换新的。

从这一点来说，便笺笔记的成本就非常适中了。在百元店里用 100 日元（约合 6 元人民币）就能买到 A4 开本的笔记本。

同样是 100 日元的笔记本，A4 开本的要比 A6 开本的多出 4 倍的纸面面积，从纸面单价上来算，相当于又节省了 1/4 的成本。

不过，我们并不会在 A4 笔记本的纸面上书写任何内容，而只是将其当作粘贴便笺的册子，这样又好像是很浪费的用法。老实说，最开始时我也这么想过。

对比传统的笔记本，如果在写有文字的纸面上再粘贴便笺，就会把好不容易记下的内容都挡住。但是，如果全部都拿来粘贴便笺，又好像很浪费。

也许你会说：“即使笔记本很便宜，但是加上购买便笺的成本后，整个的使用成本不就变高了吗？”

确实，如果将购买便笺的费用也计算进来的话，整个成本是有所提高。

不过我要举个例子说明一下，在百元店里，一款边长75mm的正方形便笺纸的价格是100日元100张。即使我们在笔记本的每一页上都贴满便笺，也只需要贴够60页即可，这样算的话，总共消耗大约360张便笺纸，价格应是300～400日元。再加上购买笔记本的费用，总成本还不到500日元（约合30元人民币）。

你只需要付出相当于一杯咖啡的成本，就能实现笔记本最重要的功能，能让你从所有的烦恼中解脱出来。这难道不算是最高的性价比吗?

顺便说一下，我最常用的gnotes便笺纸可不是100日元的价位，但是它创造的价值远超过100日元哦。

因为，gnotes便笺纸背面所使用的黏着剂是水溶性的，而普通的胶带和便笺纸用的都是会引起“毒屋综合征（Sick House）[1]”的油性黏着剂。

不过，即使是采用油性黏着剂的便笺纸，由于其自身体积很小，所以一般使用时并不会对健康造成伤害。但是为了让自己能够安心，我还是选择了贵一点的gnotes便笺纸。

[1] 毒屋综合征（Sick House）在日本和欧美都受到普遍的关注。它是由室内空气引起的，会使生活在其中的人们的健康受到影响，是非常厉害的健康杀手。

最适合用于“便笺笔记”的 gnotes

你知道吗？便笺纸所使用的黏性很弱的黏着剂原本是一个失败的产品。

最初，研发人员希望开发出的是黏性很强的黏着剂，可没想到最后做出来的成品是一种贴上后又能很容易揭下来的黏着剂。

我想谁都会认为这种东西毫无用处吧。但是，其最终却以“报事贴（Post-it）[1]”之名被商品化了。于是，我们日常办公的场景

[1]“报事贴（Post-it）”是美国 3M 公司最初所推出的便笺纸产品的商标名。3M 的科学家斯宾塞·西尔沃（Spencer Silver）博士在 1968 年时本想发明一种超强的黏着剂，但经过几个月的研究，所得到的却是和预想的完全相反的结果——使用这种黏着剂将纸贴上就可以撕下来。1974 年，3M 科学家亚特·弗来（Art Fry）用这种黏着剂制造了可反复粘贴使用的便笺纸。

也随之发生了巨大改变。

这件事也时常被当作商业创新的一个成功案例来运用。

也许大部分人对于便笺纸的印象是，它就是一个普通文具，但实际上它是具有革命性的一款产品。

现如今它是如此普及，以至于每个人都会使用它。它可以让我们不被以往的常识或习惯所束缚，自由地去思考，并做出改变，为我们带来了一个光明的未来。

便笺中还隐藏着大部分人未曾注意到的使用方法。这种将便笺当作“主角”而不是“配角”的使用方法，我也是偶然才得知的。

那一瞬间的感触，我至今都难以忘记。因为，它让我产生了一种前所未有的恍然大悟的感觉。

# 第二章

## “便笺 × 笔记本”让你拥有无限可能

便笺笔记是一种类似载有战斗机的航空母舰的组合模式。作战的战斗机从空军基地或航空母舰上出发，快速完成任务后，再回到航空母舰上。而便笺笔记也是同样的道理。方便携带的便笺（战斗机）从便笺本（小型航母）或A4笔记本（航空母舰）上出发，快速获得信息（完成任务）后，再回到A4笔记本（航空母舰）上。

## 能让所有的信息都按时同步的“模式”

便笺笔记是一种类似载有战斗机的航空母舰的组合模式。说到航空母舰的强大之处，可不仅在于其具备“要塞都市”般的威力，以及其上装载的战斗机的机动力与攻击力。

这种组合模式的一大好处就是能弥补彼此原有的短板，还能放大各自的优势。

便笺笔记通过粘贴的方式让信息实现同步化，这样一来，**便笺就好像是灵活机动的“战斗机”，其正好弥补了原本 A4 笔记本尺寸过大的最大缺点。**

说得再稍微具体一些，作战的战斗机从空军基地或航空母舰上出发，快速完成任务后，再回到航空母舰上。再加上航空母舰原本所具有的要塞功能，这种组合模式发挥出了“1+1 > 2”的效果。

而便笺笔记也是同样的道理。方便携带的便笺（战斗机）从便笺本（小型航母）或 A4 笔记本（航空母舰）上出发，快速获得信息（完成任务）后，再回到 A4 笔记本（航空母舰）上。

这样，我们就完成了一种新的组合模式。而且，结合后面我们说到的文件夹功能，将进一步发挥出强大的效果。

最为关键的是，仅靠这样的方式就能完美实现信息同步。传统的手账产品或做笔记方法，受困于只能随身携带一本手账，很难彻底解决信息同步这一重要问题。

我们不得不在外出时携带一本手账，然后在家里再准备一个日志本。这样一来，**信息无法实现同步，就好像分别被放进了两个口袋里，非常分散**。为了防止这种情况出现，就只能使用一本手账，将其每天都带在身上。而为了便于携带，又不得不选择那种小型的手账产品。

而便笺笔记则稍显不同：

**这是在 A4 笔记本的纸面上，只需一个步骤，就能按时间的先后顺序，让所有的信息都自动同步到一起的模式。**

这种模式很容易操作，就是将随身携带的便笺与放在家中的 A4 笔记本组合起来即可，而且能让人毫不费力地坚持使用下去。

关键之处就在于粘胶。便笺的背面一定要带有那种很容易粘贴又很容易揭下来的粘胶。

像 gnotes 80 以及 gnotes powers 这种背面有大面积粘胶的便笺，就不会出现打卷、混乱甚至脱落等问题。

利用这种粘胶就能够让便笺在笔记本的纸面上形成一体化，同时又不会受到成品手账上那种功能分区的干扰。

百闻不如一见，请大家看一看下面这张照片。

像这样，不需要多费事，就能让信息实现自动同步，所有的信息都汇集到一个地方。

便笺上的内容与直接在 A4 笔记本上记录的内容，均按照记录时间进行排列，井井有条，紧密连接到一起。

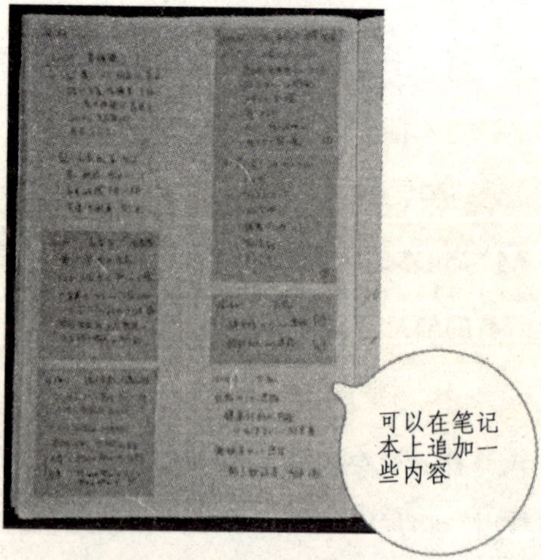


“便笺笔记”让信息自动实现同步

即使不使用现代化的云服务，也能通过纯物理的方式来简单实现同步。

而且，由于载有信息的便笺与 A4 笔记本的纸面之间是纯物理地粘贴在一起的，因此还可以**以便笺上的信息为主，在笔记本空出的位置上追加一些内容。**

外出时的思考（记到便笺上）与回到办公桌前的一些想法（记到 A4 笔记本上）就这样有机地结合起来了。

## 便笺与笔记本是最佳拍档，彼此可以优势互补

当然，只要能运用好这种组合模式，在形式上也不必拘泥于A4笔记本与便笺结合。

例如，便携笔记本的代表产品罗地亚（RHODIA）笔记本[1]，我们可以在上面做笔记，回到家后沿着页面的折线将该页撕下来，用订书机或糨糊粘贴到固定的笔记本上。

只不过，如果手头的订书钉和糨糊都用完了的话，就不得不将这一步骤延后进行了。这样就会产生不便。

此外，为了用糨糊或订书机来进行固定，必须进行两步以上

[1] 罗地亚（RHODIA）笔记本的独特性在于它的贴心，封面的三条折痕可以方便地向后弯折，厚实坚固的底板让你在站着时也可以轻松书写。另外，它身形小巧，可以轻松地放进包里随身携带。

的操作。一旦加入了多余的动作，人就容易犯懒，而不想继续坚持下去。

如果是使用便笺的话，就没有所有这些烦琐步骤了。只需要在 A4 笔记本的空白纸面上，按做笔记的时间顺序“粘贴”即可，可谓是一步就能搞定。

假如你所在的公司日常办公使用的都是 B5 尺寸的纸张，那么在做便笺笔记时，就不要用 A4 笔记本，而应该换用 B5 笔记本。

**将你平时常用的手账或日志本与便笺结合起来，也都是可以的。**

重要的是，通过灵活运用“互相组合”这种模式，来实现二者之间的优势互补。

## 智能手机能取代“纸质笔记”吗?

市面上充斥着许许多多像智能手机、平板电脑这样先进的信息处理工具。

各种型号的产品让人目不暇接，也给人们的生活带来了许多便利。我们真是生活在一个了不起的时代啊!

但是实际上，如此便利的智能手机真的能解决你眼下的烦恼吗?当然，对你来说，它更多的是一种已经放不下了的沟通工具吧。

它可以让我们随时随地接收到全世界的信息，还可以作为“高性能的玩具”，让我们打打游戏。

它让一些无法做到的事情都变成了现实。

老实说，我也是苹果手机的忠实用户，就连这本书也是在苹果笔记本电脑上完成的，感觉这些产品有很厉害的功能。

可是，这些很厉害的功能并不能解决我眼下所面临的难题，也并没有减轻我工作上的负担。我总感觉它们好像缺失了某个功能，某个很重要很关键的功能。

我常会陷入这样的不安之中——明明有最先进的IT技术在协助我，可为什么我内心还是很焦躁？

举个不恰当的例子，这种感觉就好像晕船很严重的人，第二天却要去乘船，所以只能安慰自己“总会有办法的”。就是这样一种从心底涌上来的难以形容的焦躁。无论经过多长时间，我都无法从这种焦躁中逃脱出来。

然而，事实就是如此，因为**电脑和智能手机擅长的事情就只有运算、搜索、通信这三个而已。**

也就是说，对于除此之外的其他功能，你最好不要有所期待。

原本电脑和智能手机在即时记录以及图形、图像输入等方面就比较麻烦。

可以如魔法般实现“可视化即时笔记”的智能手机，以现阶段的技术水平，还无法制造出来。因此，不能将其当作进行即时记录的工具。紧要关头，还得依靠纸和笔。

另外，电脑的开机启动，还有程序的打开运行，都至少需要数秒钟的时间。

虽然办公室里的电脑一直都处于开机状态，但如果设置了从屏幕保护程序中恢复过来时需要输入密码的话，要进行即时输入就比较麻烦了。而自己家的电脑，也可能需要从休眠或待机状态中“苏醒”过来，所以也无法做到即时输入。

运气好的话，处于可以即时输入的状态下，除非你使用的是触摸屏，否则打字输入本身也是很耗费时间的。

更不用说输出非文字类的信息了，比如图形、图像。不管它的管理、搜索功能多么完善，如果不能做到对信息的即时输入，就不在我们的考虑范围内。

此外，还有很重要的一点，却很容易被人忽视。下面我就来具体说一说。

纸质的笔记本或手账，当它被打开的瞬间，文字信息就会映入我们的眼帘，并且马上就能进入即时记录的状态。

但是换成是电脑的话，当我们打开文件管理器的界面时，最初看到的只是一个个的文件名而已。要想看到其中具体的内容，就必须双击打开这个文件才行。

在电脑上，我们只能借助“文件管理器”[1]或“访达”[2]等文件夹界面里显示的文件名以及修改日期等，来找到我们需要的那个文件。

打开文件后，“文件管理器”或“访达”的窗口就会被遮挡住。所以，如果发现该文件不是我们想要的，就得将其关闭，然后重新查找。对于一个文件，我们需要经历查找、确认内容、添加修改等步骤。

纸质的笔记还可以前后随意地翻阅。

然而，被电子化的一个个文件，就好比是放在带锁的书柜中的书。

输入密码解开“柜锁”，再打开书柜的门——“文件管理器”或“访达”等程序，才能看到那些陈列其中的书名——文件名。这之后通过双击“打开书本”，拖动滚动条浏览文件的方式，来翻阅其中的内容。所以，至少需要 5 个步骤。

何况，在文字显示的清晰度方面，电脑屏幕也是无法与纸张相比的。主要是会让人感觉阅读困难，还会有漏看的信息，眼睛也很容易感到疲劳。时间久了腰酸背痛，对身体不好。

实在没有办法，就只能事先把内容都打印出来，再看。

[1] 文件管理器：即 Windows 系统下的 Explorer 程序。
[2] 访达：即 Mac OS 系统下的 Finder 程序。

原本我们的大脑构造就是以图像的方式来进行模拟化思考的，无法变得像电脑那样进行数字化的运算。

对比一下这两种情形：你通过电子表上显示的那些数字来查看时间，和通过机械表上指针的位置来确定时间，是不是机械表更能让你一眼就知道现在是几点钟？

我们的大脑就是这样的一种感觉，它进行的是一种模糊的、模拟化的、粗略的信息处理。

很多时候，当我们想将某个想法记录下来时，如果不是在纸张这样的载体上进行的话，就会感觉很困难。

我们不可能从一开始就在头脑中形成“5W1H 要素[1]”齐备的文章或者算式。

我们总是先想出几个关键词，再加入括号、画圈、连线等，通过这样的方式在纸上做记录。

而电子设备则要求我们从一开始就输入完整的文章，所以我们才会觉得很难使用。

除此之外，在纸上还可以写写画画，很容易保留修改的痕迹。在书写时，可以按一下按钮就能更改圆珠笔的颜色。还可以使用

[1]5W1H 要素：即 What（何事）、Where（何地）、When（何时）、Who（何人）、Why（为什么）、How（怎么做）。

下画线、标记符号等元素，以突出重点。总之，在纸上做笔记属于特别方便灵活的记录方式。

## 智能手机暂时不会带来超出人们预期的未来

还有一些事情是电脑和智能手机绝对做不到的。

那便是，激发出使用者的创造力（将各种灵感进行组合后诞生出新想法）以及自主性（保持自我的情感与热情去做事）。

如你所知，电脑和智能手机在信息搜索和与他人互联互通等方面具有无可比拟的强大力量。因此，当我们遇到不明白的事情或者难题时，最终都会想到去网上搜索。在这个过程中，我们的意识会逐渐向外部扩散，而离我们自己的内心以及深刻的思考、情感、信念等这些重要部分却越来越远。其结果就是很容易被其他人的信息所左右，失去了独立自主的判断能力，只会对外部刺激进行条件反射。如果我们过度依赖电脑或智能手机，就会有这样的危险性，这可能让我们退化成没有灵魂、热情、信念的废人。

此外，电脑也不具有对图像、味觉、嗅觉、触觉的搜索能力。例如，如果我想搜索头脑中浮现出的某个图像，我只能先将这种图像转化成文字信息，然后再通过文字进行搜索。可是，图像所具有的多元化信息是很难被转换成不方便的文字信息的。

人的想法、创意全部都是依靠人的想象力与行动来产生的。这些东西并非是从外部获得的，而是通过我们的真情实感，从内心深处诞生出来的。然后才能引发新的思想，从而为我们开启未曾想象过的未来。

每一个人实现未来幸福生活的过程都是相似的，将头脑中涌现出的画面转化为发自内心想要实现的欲望（动机），然后为此付出一系列努力。

关于这一点，我在本书最后会有详细的阐述，请大家务必好好读一读。

## 与云服务不分伯仲的便笺笔记

目前，全世界的IT企业都狂热追捧的云服务，我觉得其本身也是一种理想的技术。

当云端化以后，所有的信息都集中到了同一个地方，并且在任何无线网覆盖的地方都能使用云服务。

因为所有的信息都集中到了一个地方，所以也就不会再出现信息分散的情形了。

包括家中电脑的数据在内，我自己也是将常用的重要数据都上传到了云端，并定期进行同步更新。

不过，这种便捷的方式目前还无法马上应用到日常的工作中。

对于公司或事务所来说，最害怕的就是信息泄露了。辛辛苦苦几十年构建起的企业信用，很可能在一夜之间就土崩瓦解。此外，使用成本也是一大问题。

因此，要将云服务完全应用到白领阶层所处的职场中，还有些为时尚早。

那么，从个人的层面来说，就没有类似云服务这样的工具可用了吗？这里指的并非在自由灵活的个人生活环境中，而是指相对比较受限制的职场环境中。当然，最好不要太麻烦，而且不需要投入太大的成本。

这里我们又要说到便笺笔记了。之前已经说过，便笺笔记就是将记有笔记的所有便笺都粘贴到一个 A4 笔记本中。

我差不多是在 10 年前想出这个方法的，原本还打算将其起名为“模拟云端笔记法”。

**一般的云服务**

“模拟云端”是我自创的一个词，这里的“云”当然就是“云端服务器”的简称，其原本是互联网上一项 IT 技术的总称。

我们可以将信息数据以及软件程序都上传到服务器上（互联网的远程端），这样一来，电脑或智能手机上就不需要存储多余的东西了。

可以只在需要的时候连接服务器，并使用上面的数据与软件。

像谷歌邮箱、雅虎日历、脸书（Facebook）、优兔网（YouTube）等网站，后台使用的都是云服务。可能在你还没有意识到的时候，你就已经在使用云服务了。云服务原本是一个 IT 术语，其当然指的是数字世界里的概念，而在真实的世界里，是不会有云服务这个概念的。

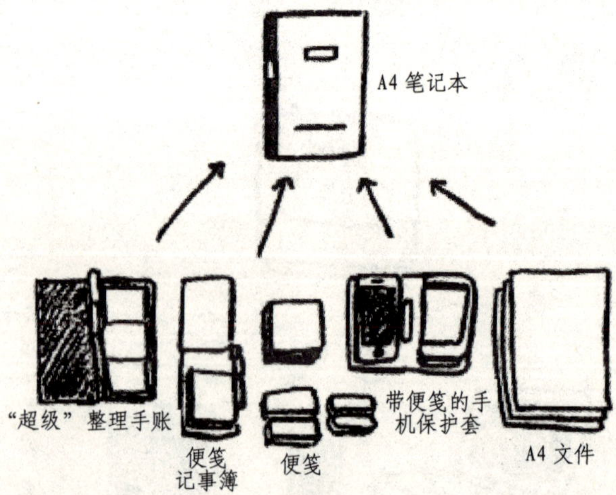


模拟云端

那么，为什么我们可以将纸质的笔记本也叫作“云端”呢？

对于我们来说，云服务的优点主要有以下 4 个：

**1. 将数据集中存储在服务器上，避免了信息分散的情况（“一个口袋”）。**

**2. 因为数据都存储在服务器上，所以不再需要随身携带，避免了信息丢失的风险。**

**3. 只要无线网覆盖的地方，就能随时对服务器上的数据库进行操作（下载、上传）。**

**4. 多名成员之间能共享和处理数据。**

其实，便笺笔记也具有和云服务类似的优点：

**1. A4 笔记本就相当于“服务器”，可以收集所有的信息，这样信息就不会变得分散。**

**2. 大号的便笺可以替代随身的手账来使用，这样就没必要每天都将信息带在身上了。**

**3. 外出时将信息记在便笺上，回来后将便笺粘贴到笔记本上（相当于上传到云端）。**

**4. 由于是私人的手账，没必要与他人分享内容，所以也不需要共享的功能。**

因此，实体的纸张同样也可以被叫作“云端”。

## 比苹果手机和应用程序更厉害的便笺笔记

这里，我想说一个有意思的例子。有一个名为“印象笔记（Evernote）”的优秀网站，堪称是最先进的云服务工具。无论是图像、文字，还是其他什么内容，都可以存储到“同一个口袋”里，所以是一个特别棒的工具。因为其自身的便捷性，积累了很多用户。

要将信息存储到“印象笔记”里，还需要在手机上安装一个应用程序“智能手机联动笔记”。

用手机将你在纸上所写的笔记拍下来，然后以数字文件的格式上传到服务器上。

因为全部都是数字化存储的，所以保存和整理起来特别方便。在这里，所有数据都是通过“印象笔记”来进行管理的。

由于不需要实体的保管场地，而且对文字信息可以进行快速搜索，所以用起来非常便捷。

但是，等一下，请仔细思考这其中的不可思议之处吧。

如果最终所有的信息都要转换成数字文件的格式，那么为何不在一开始做笔记的时候就不用笔和纸，直接打字输入到智能手机里？

都已经随身带着智能手机了，却偏偏还要用纸和笔记录，你不觉得很不可思议吗？

为什么我们会陷入这个怪圈呢？理由可能有以下两点：

其一，因为在即时笔记方面，智能手机和电脑确实不抵传统的纸质笔记本。

其二，要将想到的图像信息直接输入电脑里，还是比较困难的。

所以，最终还是要依靠纸质笔记本。

要是这样的话，就没必要再将其转换成数字文件了，直接在纸上写，写完保存好不就行了吗？

我也是这么想的，但是，将信息数字化具有以下三大优势：

**1. 无须实体的保管场地。**

**2. 信息不会变得分散（可以一直存放在“一个口袋”里）。**

**3. 可以很方便地对文字内容进行搜索。**

不过，要是换成纸质笔记本的话，这些所谓的优势也能一一呈现出来。

**1. A4 笔记本，一年只需用两三本即可。**

**2. 便笺笔记也是将所有记录都装在“一个口袋”里，所以也不会让信息分散。**

**3. 便笺笔记结合后文将会提到的模拟检索功能，可以通过快速翻页找到需要的信息。而且，即使在不知道关键词的前提下，也能进行模糊搜索。**

这么想来，只要在事先准备好的手账上做笔记，就没有必要再花时间、精力以及通信成本将其拍下来上传到数据库了。

出门在外时，也不必再用昂贵的智能手机应用程序了，只要带上大号的便笺纸，回家后将便笺纸粘贴到笔记本上就可以了。

# 第三章

# 随时随地做笔记，抓住你的灵感

“马上、枕上、厕上”，这是中国北宋时期的欧阳修提出的最适合在头脑中构思文章的三个场景。它们最大的共同点就是不方便做笔记的环境。我们的大脑中每天也会闪现很多灵感。有些是我们没留意到，有些则是因为来不及记录，而被遗忘了。虽然很有价值，但由于“灵感君”通常来无影去无踪，所以我们必须在其闪现的一瞬间用便笺捕捉到。

## 通过便笺与笔记本向大脑“输入”信息

前文说过，做笔记这件事最重要的三大要求是：**（1）能即时记录；（2）能迅速找出你想要的内容；（3）可以灵活高效地运用。**

你能想象当这三点都完美实现时，会发生什么事吗？

凭借着完美的记忆力，仅在自己的头脑中就能进行复杂的计算和思考——这可是一项超人的能力。

我们可以借助做笔记的方式，最大程度地模拟这种天才的能力。

其结果就是我们将能消除一切烦恼，完成梦寐以求的目标。

我们的梦想将会变成现实，曾经想做的事情、想要达到的状态、想要得到的东西都能一一实现。

因为将纸上所记录的内容与实际的行动相结合，就能让我们离梦想更近一步。人们常把头脑中所想的东西称作“意识”，那么，通过在纸上书写的方式，就能激发我们的“潜意识”的无限能量，最大限度地利用它。

所以，我们的第一要务就是要明确一本手账应该满足的要求是什么。

为了满足这些要求，我们要掌握相应的使用模式，并用适合自己的方法来实践。

阅读本书的过程，就是将这种使用模式下载到你大脑中的一个过程，这样你将能随心所欲地使用它。

只要能掌握并实践这种使用模式，之后你可以将其改编成自己喜欢的任何形式。

那么，在本章的一开始，我们将具体说说三大要求中的第一点——能在一瞬间方便快捷地将你关注的内容、灵感以及重要的信息都记录下来。

一瞬间方便快捷地做笔记，这件事为什么如此重要呢？因为如果不马上记下来的话，就会忘记。请你回想一下自己日常生活中的经历，就能明白我所说的意思。

你是否有过这样的经历：原本想去做什么事情来着，中途和上司或同事聊了几句后，就忘了。或者，本来要去隔壁房间做什么事情来着，结果进到房间后竟忘了自己的目的。

重要的事情瞬间就忘光光，这已经不是什么稀罕事了。

下面这个例子也许会有些夸张。

例如，睡不着觉的时候想的一些事情，或者半夜头脑中冒出的某个灵感，你本打算第二天一早起床后就记下来，结果第二天起床后，几乎所有的内容都想不起来了。

因此，无论在什么时候、什么场地，都方便快捷地做笔记，这绝对是最重要的一点。

手账或记事本的主流产品，从一开始就设计得很紧凑，且便于携带。因为只有随身携带，与自己寸步不离，才能做到即时记录。

## 所有人都落入了“便携性陷阱”

对于手账来说，能够随时随地做笔记这一点是必不可少的，所以人们往往会把便携性当作优先考量的重要功能。

但是，过于看重便携性的话，就会牺牲许多其他的便利性。例如，有些被牺牲的功能，必须是A4尺寸的那种大号手账才能实现的。

令人意外的是，使用大尺寸的手账，可以很轻松地满足除便携性以外的其他要求。然而，便携性却成了手账产品无法做出让步的底线。

为了能让使用者轻松地带在身边，厂家不得不将手账做得很轻薄、很紧凑。这就导致其失去了很多其他功能。

我把这叫作“便携性陷阱”。所谓“便携性陷阱”，就是说人们固执地认为把手账做得如此小巧紧凑，是一件理所当然的事情。

市面上大部分手账产品和做笔记的方法，无一例外都落入了这个“便携性陷阱”。

市面上的手账产品中，唯一一款能够同时拥有这些互相矛盾的功能的，就是野口悠纪雄发明的“超级”整理手账。

“超级”整理手账其实就是将一张 A4 纸反复折叠 4 次，以类似手风琴风箱那样的形式做成的。

为了将互相矛盾的功能都放进同一本手账中，就只能像“超级”整理手账这样，将大尺寸的纸张折叠，使其足够紧凑。

可是，强行将所有矛盾的功能都放到一起的做法也是有局限性的。

我们可以用在天空中飞翔这件事来举例。

人类自古以来的梦想就是能像鸟儿一样在天空中飞翔。

要像鸟儿一样飞翔，就必须有翅膀。

“所以，我就在手臂上绑上翅膀，然后玩命地挥动双翅。通过这种方式，肯定能在某一时刻飞起来！”

这分明是不可能的。我想谁都不会真的这么想吧，谁也不会真的相信吧。我们之所以想要学会飞翔，是因为这能让我们以更快、更简单的方式到达更高或更远的地方。

我们的目的其实是快速地到达更高或更远的地方，而不是要在人类的身体上绑上翅膀。在现如今这个时代，我们不需要在身上绑任何东西，就可以利用飞机这样便利的交通工具来实现梦想。

迄今为止人们所创造的手账产品和做笔记方法，一直努力的方向其实就类似于在人类的身体上绑上翅膀。

手账强制性地给我们绑上了名为“便携性”的翅膀，但是，由于这些功能之间原本就是此消彼长的关系，所以从一开始就注定了使用手账时会非常别扭。

## 事先准备两种以上承载信息的“交通工具”

那么，该怎样做才能在毫不勉强使用者的同时保障便携性呢？

其实答案和“哥伦布竖鸡蛋”一样，出人意料地简单。

人们在出远门时会想到利用交通工具，其实对于信息，我们也可以准备具有便携性的“交通工具”——答案就是如此简单。

手账和笔记本都是用来承载信息的交通工具。

笔记的重要要求大致可分为三个，所以仅靠一种交通工具，肯定是不能同时满足的。

那么，我们就可以针对每一种功能要求，准备好对应的交通工具，再将其组合起来使用。

这与我们出门时会利用电车、飞机、出租车等交通工具是一样的思路。

像这样，就不必再费尽心思地将无法并存的功能都“塞进”一种交通工具里了，通过组合使用的方式，就能让这个难题迎刃而解了。

当然了，同时使用便携手账与大尺寸笔记本的传统方法是没有用的。

如果同时使用多本手账和笔记本，就会产生信息变得非常分散、弄不清“到底记在哪儿了”这样的致命缺陷。

所以，把家用的笔记本与便携的小型手账结合起来使用的方法，不被大众所接受。

## 便笺笔记不会让信息变得分散

便笺笔记 [所有的笔记都一体化，可以一览无余]

<A4 笔记本上的笔记> <便笺手账上的笔记>

分离式做笔记方法 [笔记内容依然是分散的]

<B4 笔记本上的笔记> <小型手账上的笔记>

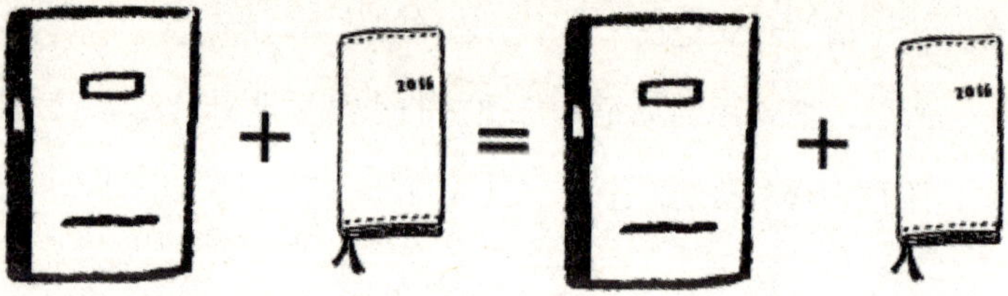

只使用小型手账做笔记的方法 [牺牲了“一览性”]

<只使用 A5 笔记本、A6 笔记本> <只使用小型手账>

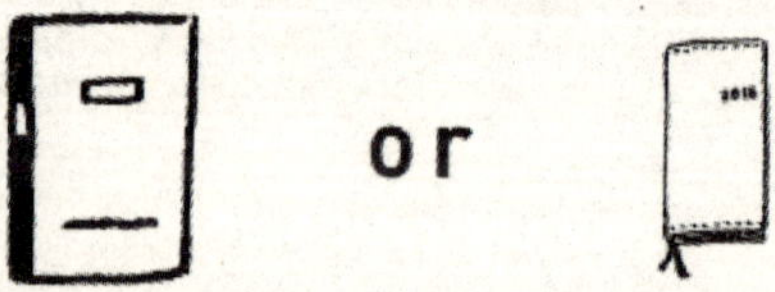

## 真的有必要随身携带信息吗？

我们外出时，真的有必要将记录信息的笔记本或手账都带在身上吗？

如果是去拜访客户，我们要带的是方案书、估价单以及其他资料。

如果是去发表讲话，我们要带的是发表讲话用的材料、平板电脑等。

这么看来，需要用到笔记本或手账上的信息的时候其实并不多，最多也就是看看日程安排、电话号码等这些信息了。

如果是这样的话，确实没有必要将记录着重要内容和客户信息的笔记本或手账也带在身上。

将如此重要的信息宝库带出门，只能增加信息泄露的风险。

所以，我不推荐这种方式。

不，为了你自身考虑，也应该停止这种做法。

此外，后文还将会提到一点，在外面时，如果身处不方便做笔记的环境之中，此时最重要的其实就是头脑中冒出的各种灵感。

这种时候，我们如果一边看笔记本或手账上记录的内容，一边往头脑中“输入”信息，就非常浪费时间。所以，带着信息出门，只能是有百害而无一利的做法。

## 能带在身边的，只有便笺这架“无人机”

我们在出门时，最好还是将记录着重要信息的手账或笔记本都放在家里吧。取而代之的应该是专门用来记载信息的“交通工具”。

**1. 这种“交通工具”要非常轻便紧凑，具有便携性。**

**2. 使用这种“交通工具”后，就不需要再将重要的信息随身携带了。**

**3. 这种“交通工具”要能与家中的笔记本实现同步。**

能同时具备这三个条件的“交通工具”，就是大号的便笺。

所以，请事先准备好背面有大面积粘胶的便笺。这种便笺可以很方便地粘贴在智能手机保护套的内侧。还可以在手提包或钱包中放一些，以防出门时忘了带。

我常用的便笺有 75mm × 75mm、75mm × 40mm、60mm × 60mm 这三种尺寸。你也可以根据自己的喜好与用途来选用更大尺寸的便笺。因为其背面有大面积的粘胶，所以不用担心会出现粘不牢或卷曲等问题。

我之前也说过，人们一般都只将便笺当作做记号或补充内容的工具。所以，一提到便笺就会想起那各种醒目的颜色，而类似于笔记本的雪白的便笺，在市场上好像都绝迹了。

总之，便笺就只是一个“配角”，所以用完就扔也是理所当然的事情。

将便笺本粘贴在智能手机保护套的内侧

但是，重要的不是我们用什么（What），而是怎么用（How）。

虽然只是一个工具，但不可思议的是，根据不同的使用方法，其所能发挥出的威力也出乎意料。

便笺笔记就像“哥伦布竖鸡蛋”一样，使便笺的使用方法有了180度的转变。它再也不是那个用来做记号和补充内容的辅助性工具了，而是要当作笔记本和手账的“纸面”来使用。

所以说，便笺也不再是原来的那个小“配角”了，而是不折不扣的“主角”。

## 推荐使用大尺寸、背面有大面积粘胶的便笺

既然要代替笔记本和手账来使用，那么便笺的尺寸就一定要足够大。

我经过不断试验，最终得出的结论是 75mm × 75mm、75mm × 40mm、60mm × 60mm 这三种尺寸的便笺是最好用的。因为可以放在手掌上做笔记，用起来自然是非常称手。

虽然做笔记的用途各不相同，但是比这再小的尺寸就显得不够用了。

相反，尺寸大于 75mm × 100mm 的便笺又会有太多留白的部分。

假如所有内容在一张 75mm × 75mm 的便笺上写不完的话，也可以多使用几张。

这时要记得在每一张上都标上①②③……这样的序号，以便

整理排序。

当我们只使用部分便笺纸时，可以将其粘贴在笔记本靠近上侧的位置，这样的话，在合上笔记本时，就不容易将便笺纸压折。

因此，我们在做笔记时也尽量使便笺的粘胶位置朝上。

便笺最大的缺点就是，在要粘贴的位置上有可能出现粘不牢的情况。

但幸运的是，最近这种带有大面积粘胶的便笺产品越来越多了。

从世界最大的便笺生产商 3M 公司，到排名第二的 AMC 公司（在日本的代理商为 Print Inform Japan），再到百元店，日本随处可以买到这种带大面积粘胶的便笺。

这种便笺，除了能更稳固地粘贴在笔记本上，在外出时也不用担心其会从手机保护套中掉落出来。

虽然在百元店里也能买到 75mm × 75mm 尺寸且带有大面积粘胶的便笺，但 AMC 公司出品的 gnotes 系列便笺产品拥有更全的款式。

由于大面积的粘胶提高了便笺的黏着能力，所以不会出现轻易掉落或粘不牢的问题。

在尺寸方面，我强烈推荐 75mm × 75mm、75mm × 40mm、60mm × 60mm 这三种便笺。其便于书写，颜色也很丰富，真的是物美价廉。

除此之外，还有类似卡片大小可以放到钱包或名片夹中的便笺（Card-Fit），带有便笺收纳盒的便笺（gnotes 80 mobile等），即使放在背包里也不会弄皱的带底板纸的便笺（gnotes mobile等）。

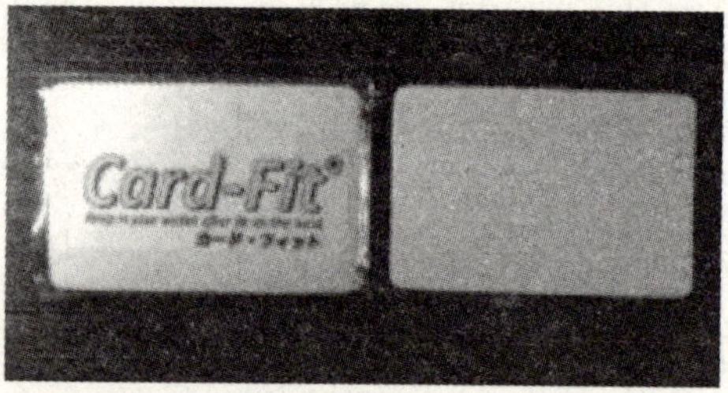


卡片型便笺（Card-Fit）

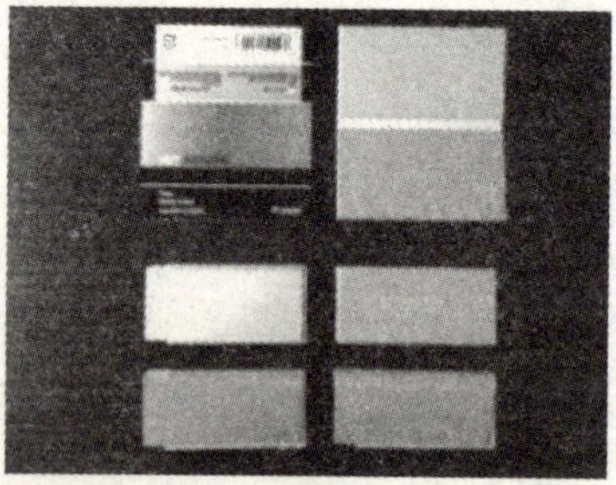

带有硬底板纸的便笺（gnotes mobile）

市面上有各式各样非常有创意的便笺产品，请挑选出最合你意的来用吧。

## 给随身携带的便笺套上“外衣”吧

便笺一般都是“裸”着销售的商品。因为其用完就扔的一次性特点，没人会考虑到要将其放在口袋或手提包中随身携带。

翻看对便笺的定义，我们就知道这是一种不同于文件的东西，仅能临时使用，是一种辅助性的办公用品。所以，市面上的便笺专用保护套也非常少。

因为一个配角不需要穿着华丽的外衣。

但是别忘了，在“便笺笔记法”中，便笺才是真正的主角哦。而且，便笺主要是在外出时频繁使用的。所以，不能让主角就这么“裸”着出场。何况便笺纸原本就很容易被弄坏，当然要给它配一个保护套了。

幸运的是，市面上有边长 75mm 的正方形便笺专用保护套，在互联网上也能搜到几种保护套产品。

不过，有些并非适用于这种带大面积粘胶的便笺，所以在购买时一定要留意。

## 如果很重视便携性的话，可使用罗地亚手账的保护套

虽然便笺专用的保护套产品非常少，但是市面上可以用作便笺保护套的其他产品倒是很丰富。其中，与法国的高品质罗地亚笔记本配套的保护套就非常好用，我们可以将其拿来用作便笺的保护套。

例如：罗地亚 11 号款笔记本（7.4cm × 11.5cm）专用的保护套，就特别适合 75mm × 75mm 大小的便笺。

该公司推出了包括原配款式在内的各种保护套产品。我之前还用过 SLIP-ON 推出的罗地亚配套保护套，价格有点高，大约是 4000 日元（约合 240 元人民币），但是其用的是皮革材质，属于使用多长时间都不伤手的良品。

由于是翻盖形式的，所以仅用一个动作便可进入“即时笔记”

的状态，同时还留有插笔的位置。

不过，在使用罗地亚笔记本的保护套时会遇到一个问题。

那就是往保护套内侧的皮革上粘贴便笺时，很容易粘不牢脱落下来。当初，我也是被这个问题困扰了很长时间。后来，通过我的不断尝试，终于找到了解决之策——将塑料文件夹用作便笺的底板。

将塑料文件夹从弯折的位置开始剪出一个 75mm×100mm 的长方形，然后将其插入罗地亚笔记本保护套的内侧口袋中。

而用来临时保存用过的便笺的位置，也可以采用同样的方法，将裁剪过的塑料文件夹插入保护套的“盖子”的内侧。

使用塑料文件夹自身弯折的部位，能增加底板的稳定性。同时，将塑料文件夹的两个角用剪刀修剪成圆角，将会更容易插入保护套内袋。

## 使用罗地亚笔记本保护套的例子

## 对塑料文件夹进行加工的例子

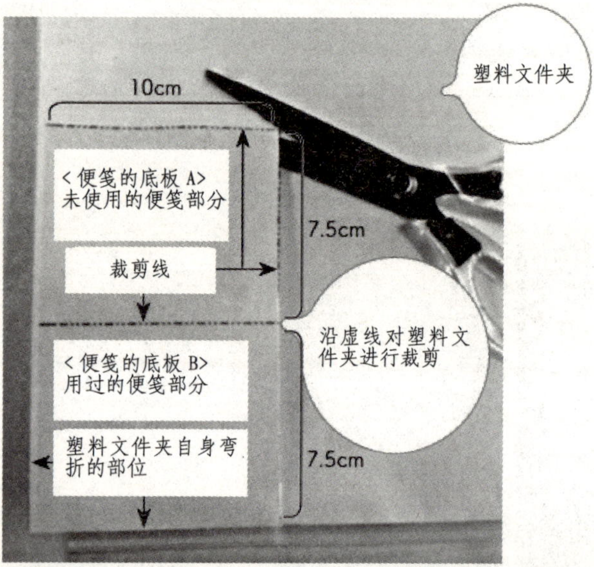


①从塑料文件夹上裁剪出一个 10cm × 7.5cm 的部分

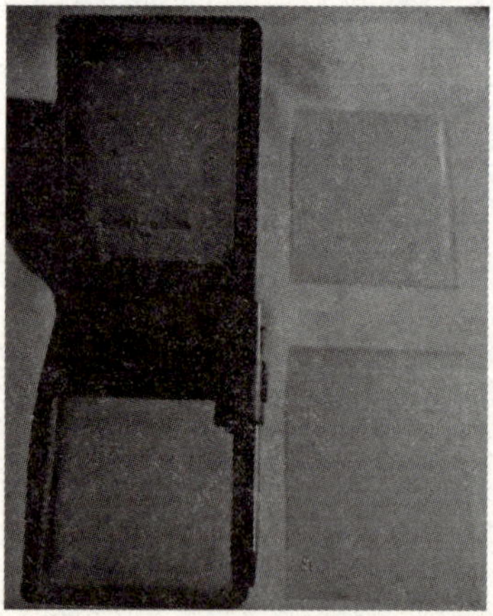

②将底板插入罗地亚笔记本的保护套里

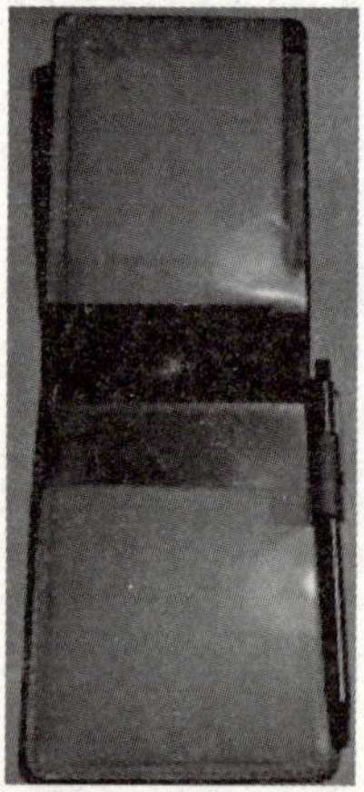

③插入后的样子

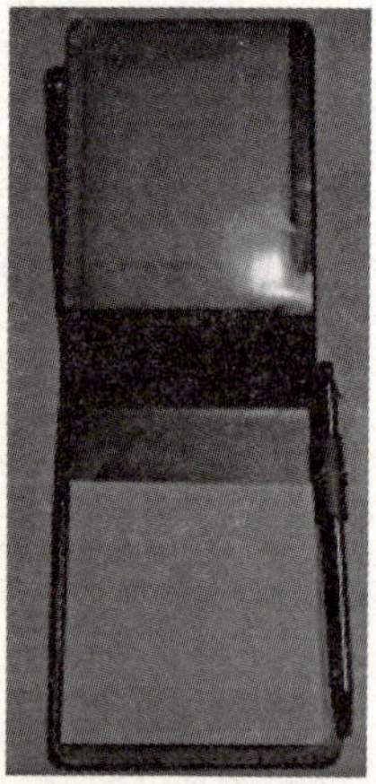

④将便笺粘贴到底板上

## 如果重视功能性的话，可使用“超级”整理手账的保护套

我们还可以使用罗地亚 8 号笔记本的保护套（其长度是罗地亚 11 号笔记本的 2 倍）以及“超级”整理手账的保护套。罗地亚 8 号所用的保护套尺寸为 90mm × 220mm，宽度与罗地亚 11 号相同，所以也能放进衣服口袋里（会稍微冒出点头）。

与使用罗地亚 11 号保护套的方法一样，可以将塑料文件夹裁剪成 80mm × 210mm 的长方形，当底板使用。

SLIP-ON 和 ASHFORD 等公司都有类似的产品。

如果使用“超级”整理手账的话，可以将外侧的夹纸板用作便笺的底板。

由于罗地亚 11 号的保护套要比罗地亚 8 号的更紧凑一些，所以在便携性上更胜一筹。

但是，从灵活度这一点来看，罗地亚 8 号的保护套（还有“超级”整理手账的保护套）才是胜利者。因为，我们可以将 A4 纸反复折叠后夹入其中。

### 使用“超级”整理手账保护套

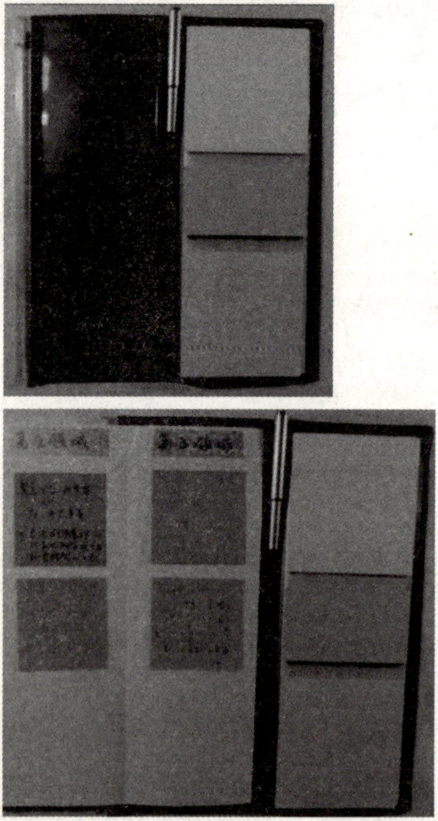

## 如果重视灵活度的话，可用旅行者笔记本

设计菲尔绿（Designphil Midori）公司出品的旅行者笔记本（Traveler's Notebook），可能是使用灵活度最高的工具了。其构造非常简单，只是在皮质的封面上加上了一条橡皮筋而已。

如果我们在其中夹入便笺的底板，就能变成可以即时记录的保护套了。

具体的做法就是根据笔记本封面的大小，将坚硬的塑料文件夹或者硬纸板进行裁剪，然后夹入笔记本中。之后，你只要选用自己喜欢的便笺，再将其粘贴到里面就行了。

顺便说一下，标准尺寸的保护套规格是 220mm × 120mm。而用谷歌日历等日程表程序打印出的 A4 纸，可以采用“超级”整理

手账的方式进行反复折叠，然后用橡皮筋绑住，这样我们就制作出了具有与“超级”整理手账相同功能的便笺手账。

## 用手机保护套当作便笺的保护套，将会天下无敌

经过不断的尝试，最终我选择了将智能手机的保护套用作便笺保护套。

这是目前我所能想到的最棒的组合方式。

用公式来表达的话，就像下面这样：

**（便笺 × 智能手机 × 智能手机保护套）× A4 笔记本 = 史上最强组合**

现在人人都使用手机，而且大部分人用的还是智能手机。

为了防止手机意外跌落损坏，大家都会使用手机保护套。而且，现在流行的都是那种能同时保护手机屏幕的“手账型（翻盖）”保护套。

那么，为什么我们不把便笺也贴到智能手机的保护套里呢？

具体的做法，和使用罗地亚的保护套时一样，也要用到塑料文件夹。将塑料文件夹进行裁剪，用作底板，可以防止便笺粘贴后掉落。将底板插入智能手机的保护套内，然后再将便笺粘贴到底板上。

因为有了底板，所以也可以将用过的便笺粘贴在其背面，临时保存。

## 你常用的手账也能改造成便笺的保护套

虽然道理我都懂，但是一直以来使用的手账，让我有点舍不得啊。有这样想法的人，也请放心啦。这里我要告诉你一个诀窍，可以对你目前所使用的手账进行改造，使其用于“便笺笔记法”中。

如果你一直用的是口袋手账，那么可将手账当作便笺的保护套来用。

你可以将手账的内页全部撕下来丢掉。

取而代之的是，贴上大号的便笺，用便笺来代替手账的内页来使用。

如果你喜欢用活页笔记本，那么今后你就再也不需要更换内页了。因为你可以贴上便笺来代替内页使用。

活页笔记本中一般都带有塑料隔板或标签牌，只要将其用作便笺的底板就行了。

将口袋手账的内页全都撕掉，然后贴上便笺来使用

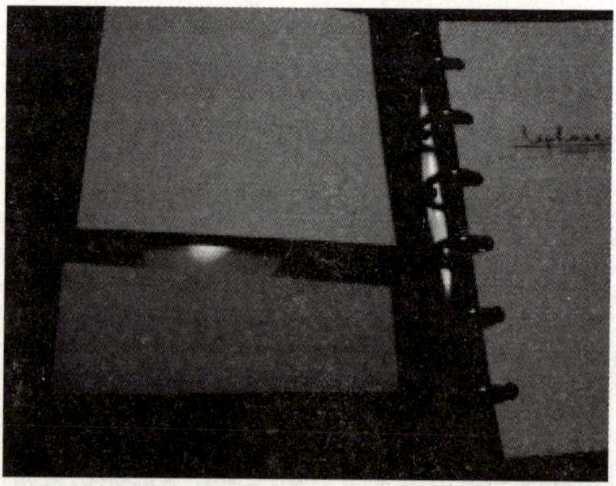

在活页笔记本中贴上便笺来使用（粘贴在塑料隔板上可以防止便笺掉落）

## 商务人士、学生、家庭主妇等基本上都需要一本

如果你是商务人士，那么肯定会使用手账或笔记本；如果你是学生，学习用的笔记本也是必不可少的；如果你是家庭主妇的话，也同样需要手账或笔记本记录东西。

由于我们可以用便笺代替笔记本或手账来使用，所以，所有记在笔记本或手账上的重要内容都能记到便笺上。

甚至，你所关注的内容、你的灵感等，也可以依次在便笺上记录下来。不明白的事情、想查找的信息等，也可以记在便笺上。除了重要的信息外，像留言等内容也可以写到便笺上。

无论是销售员、新入职的员工、管理层，还是创业者、家庭主妇、学生等，只要是需要做笔记，请务必全部写到便笺上。这是必须

遵守的第一原则。

在便笺上做笔记，然后将其粘贴到笔记本、日记本或日志本上。只要坚持使用这一方式，今后你将会感到无比自在。

空白的便笺是贴到手机的保护套里，还是常用的手账中，这些都随你的意而定。

我自己常常会将一些想要记住的名言名句都记录到便笺上。随着不断积累，我也会将那些记录着我想要镌刻进自己大脑里的句子的便笺粘贴在保护套的内侧，一有时间就看两眼。此外，我也会在便笺上记下一些感悟和胡思乱想的东西。

宝贵的财富往往就隐藏在大脑中所浮现出的东西中，只要我们原模原样地将其记录下来，久而久之就能将其发掘出来。

“便笺笔记法”就具有很高的自由度，除了“写到便笺上，再粘贴到笔记本上”这一条外，没有其他任何使用规则。

实际上，在遵照这一条规则做笔记的过程中，很自然地就会形成适合自己的使用方法。这之后，只要按照这个独一无二的方法坚持使用下去就可以了。

## 优秀的商务人士可以通过一张便笺不断产生附加价值

如果你是一名商务人士，那么，可以将与客户交谈中收集到的信息、关键词，还有商谈的内容，都记录到便笺上。

开会时，在分发的资料上也可以贴上便笺，并在上面写下你的批语。

给上司的报告、给同事的留言或委托、给部下的指示等，都可以用便笺来写。有时如果只看电子邮件的话，可能会有遗漏，所以每次收到重要的邮件后，我会再用便笺记录一下。

对于商务人士来说最重要的事，就是为这个世界不断创造出附加价值，给人类和社会多做贡献。

为此，我们需要不断地想出优秀的点子。而后文讲到的“便笺地图”三兄弟，将能在这方面发挥出强大的威力。

通过这种方式，任何人都能源源不断地产生新创意，还能迅速地写出报告书。

## 便笺是年轻职员的领航员

便笺是帮助年轻职员养成做笔记习惯的最佳工具。在便笺上书写的难度很低，无须任何烦琐的过程就能进行记录。因此，很容易就能养成做笔记的好习惯。所以，请尽量将上司、前辈的指示或建议都记到便笺上。

同时，对于不懂的单词、句型，以及其他不清楚的句子或疑问之处，可以逐一记下来，然后再去查找并追记内容。将其粘贴到业务笔记本上，就能制作出属于你自己的“工作指南”。

也请使用便笺来进行“任务管理”的工作。进入社会后，会不断遇到很多需要完成的工作，可能短短的时间内这些任务就堆积成山了。

无论是积累或拷贝资料、制作方案或估价表、预约客户、同其他部门交涉、上司或前辈交代的工作，还是准备职业资格考试、参加公司内部研修、规划职业生涯等，有太多太多与工作相关的任务需要去完成。这个时候，你就要按照优先顺序，以排列和替换便笺的方式来进行管理，否则整个人都会爆炸的。

## 便笺可以让隐性知识显现出来，是中层员工与领导者的得力助手

当你是中层员工或领导者时，就需要时常关注整个组织的动向、部下的情况、客户的情况以及公司未来的发展等，必须在管理的过程中找到一个平衡的状态。甚至，还需要有一定的洞察力与判断力，才能利用好无法用语言表述的隐性知识。

详细的内容我将会在后文中介绍，这里希望大家能明白，便笺是能让隐性知识显现出来的最强工具。

对于中层员工和领导者来说，是容不得半点走神的。因此，不能只用大脑去记忆，而是要多做笔记。在这方面，最好用的便笺确实是不能离手的工具啊。

## 仅靠一张便笺就能让你的学习、就业和恋爱都心想事成

以往主流的学习方法是直接在笔记本上做笔记，但如果之后还想添加或者替换内容的话，就为时已晚了。

如果使用“便笺笔记法”的话，就能自由替换、随意添删内容了。如果发现了不满意的内容，只要重写一张便笺替换掉原先的即可。

无论是与朋友间的闲聊，还是在研讨会上发表的意见，我们都可以将自己所关注的内容以及一些知识点记在便笺上，之后再粘贴到笔记本上。

还有一个技巧，就是通过不同颜色的便笺来区分重点和难点。例如，用粉红色的便笺记录考试中经常会考到的要点，用黄色的便笺记录容易出错的知识点。

还可以把需要利用碎片时间进行记忆的内容都做成类似英语

卡片一样的便笺，然后一点点地积攒起来。再将那些总也记不住的内容从其中抽出来，带在身上，或贴在卫生间的墙壁上，帮助自己记忆。除此之外，还可以把便笺粘贴在模拟试卷或复习题册上，在其上记录解题的思路，之后复习起来就很方便了。

这种方式还能帮助你更好地记录小组讨论的主题、自己真正关注的事情以及灵感。比如，小组或部门活动的方案、求职计划、与女朋友或男朋友恋爱时的所思所想，都可以随时记录。

各种颜色的便笺也可以让你的学生生活变得丰富多彩起来。

便笺在求职过程中也是很重要的工具。在找工作时，我们不得不去面对一拨又一拨的未知环节。

要进行自我剖析，并整理归纳出自己的优势与亮点，要更新自己的求职表。此外，还要练习自我介绍、拜访前辈所在的公司[1]，参加公司说明会、面试培训、笔试培训，最后正式面试、正式笔试，你必须毫无瑕疵地做完这些事情。

但是，如果使用便笺的话，就能让我们明确各个环节的优先顺序，通过调整和替换的方式，让我们在求职过程中有条不紊。

[1]在日本，就职的一个重要环节就是对大学的前辈所在的公司进行访问。拜访前辈及其所在公司，在一定程度上会影响最终的求职结果。如果能在访问前辈时给对方留下一个好印象，最终求职成功的可能性将大大提高。

在正式开始找工作之前，有必要想清楚一件事：自己想要从事什么样的工作？如何为这个社会做出贡献？

因此，我们必须发掘出藏在自己潜意识最深处的梦想。一旦你养成了在便笺上做笔记的习惯，就会让这一发现的过程变得不再困难。

顺便说一下，拜访前辈所在的公司或者参加面试时，使用便笺做笔记的行为也会使你脱颖而出。因为，前辈或者面试官会询问你："我看到你一直在便笺上做笔记。为什么不用手账，而要用便笺呢？"这时你就可以立刻将"便笺笔记法"的作用与优越性拿出来说一说，这会给对方留下非常深刻的印象，他们会认为你是一个聪明的家伙。

## 善于持家的主妇也一定是一个使用便笺的高手

家庭主妇每天的生活都是很忙碌的。大扫除、洗衣服、做饭、带孩子，处理与学校有关的各种事情，与邻居往来，给丈夫支持，提高自我技能等，可以说她们比上班族还要辛苦。

如果还要兼职工作，那简直就是“女超人”了。

有人说与男性相比，女性大脑中连通左右脑的神经束非常粗，所以她们的脑力也很强，可以同时兼顾很多事情。即便如此，也是很辛苦的。

而便笺是这些家庭主妇的得力助手。由于每天要完成各种琐碎的事情，所以少不了用到这样一个能进行任务管理的小工具。

料理食谱、购物清单、孩子和丈夫的日程安排、帮丈夫办的事、管理家庭开支、减肥计划、美容、兴趣爱好、兼职、与其他妈妈一起聚餐的日程等，所有家庭主妇每天都要埋头处理这些任务。

其实，我们可以将能想到的事情都依次记录到便笺上，然后将这些便笺分别粘贴到具体的地方。这样一来，就不会出现遗漏了。

例如，平时我们很难透视冰箱看见其中储藏的食材，所以管理起来就很麻烦。我们可以将经常要用到的几种食材名写在便笺上，然后粘贴在冰箱门的上侧；当这些食材越吃越少时，我们就可以将对应的便笺撕下，粘贴到冰箱门的下侧，或者转移到手账、手机保护套内。

仅靠这样一个动作，我们就完成了一份购物清单。当我们买来新的食材以后，再将对应的便笺重新贴回到原来的位置。而且，便笺还可以反复利用。

如果想到了一些要给孩子说的话，可以立刻写到便笺上，再粘贴到孩子房间的门上，或者与孩子沟通的留言本上，或者是孩子一定能看到的其他地方。

如果是想对丈夫说的一些话，也可以马上用便笺记录下来，并粘贴到丈夫能看见的地方。

除此之外，装衣服的箱子、装小物件的箱子等，所有这些无法一时弄清楚里面内容的箱子，都可以贴上便笺来管理。在这种情况下，建议你使用卷纸型的便笺，这样就能根据记录的内容数量来灵活地调整。

## 无须随身携带，也无须重新抄写，所有的信息都能一下子实现同步

虽然说“便笺笔记法”要求在便笺上做笔记，但在外出时，也可以只记录一些关键词。

例如，在与客户面谈时，最重要的应该是与对方沟通的过程。因此，为了不耽误时间，一般可以只简短地记下关键词。只要以后能通过这些关键词的“线头”重新回想起这次面谈的内容，就足够了。

接下来，以我一天的工作为例，来做具体的说明。

**1. 便笺本里的便笺都是空白的状态，而在开始一天的工作时，笔记本的纸面上记载的也都是到昨天为止的内容。**

**2. 假设当天约好要进行面谈的合作公司有两家，在出门时，可以将 A4 笔记本留在公司，只带着便笺。**

**3. 访问第一家公司，将与对方负责人进行交谈的要点记在便笺上。**

**4. 会面结束后，将做有笔记的便笺贴在底板的背面，临时保管。**

**5. 接着访问第二家公司，同样将与客户交谈的要点记在便笺上，然后将其临时粘贴在底板的背面保管。**

**6. 回到公司后，将所有做有笔记的便笺按顺序粘贴到 A4 笔记本上。**

**7. 最后，在之前所贴的便笺后面，贴上傍晚在公司内部会议中所做的便笺笔记。**

即使所有的便笺粘贴好形成一个整体以后，你也可以在粘贴便笺的 A4 笔记本上再追加一些内容。哪怕所写的内容超出了便笺纸的范围，也没有关系。

哪怕笔记本的颜色与便笺的颜色不一致，也没有关系，将其视作一个整体就好。虽然便笺纸与笔记本的纸面之间存在一点边界，但你所记录的内容是没有界限的。我们可以在纸面上毫无顾虑地做笔记。

因为这不是要拿给谁看的报告，所以也没有必要再誊抄到另一个笔记本上。

如果你的工作以公司内勤为主，那么笔记本上应该多是桌面笔记、会议记录等内容。而且，比起便笺来，可能在笔记本上追加内容的情况会多一些。如果你是经常在外面跑业务的销售员，那么你的笔记本上可能到处都是便笺吧。

## 图（1）~图（2） 早晨，笔记本与带便笺的手机保护套的状态

（1）早晨，笔记本的纸面内容

（2）白天外出时

## 图（3）~图（5） 外出时，带有便笺的手机保护套

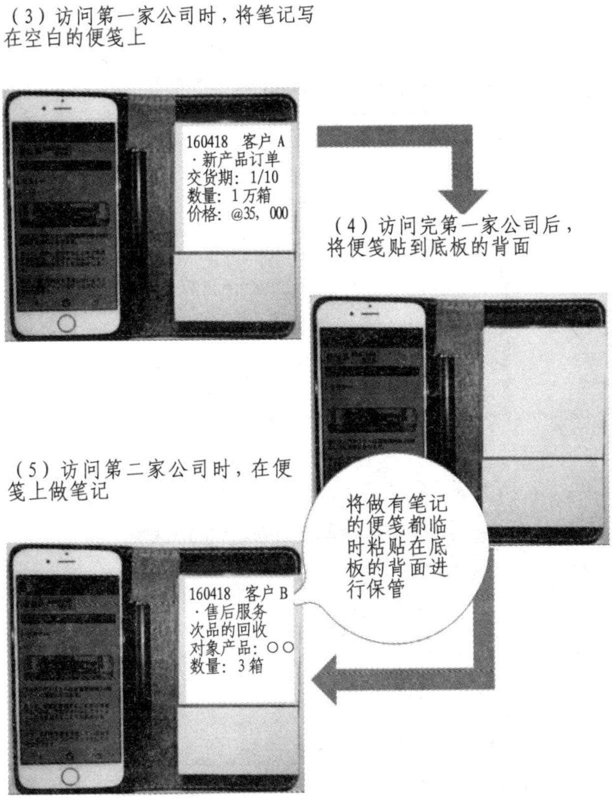

## 图（6）~图（7） 回公司后，笔记本上的内容<br>第二天早晨笔记本上的内容

（6）回公司后，笔记本上的内容

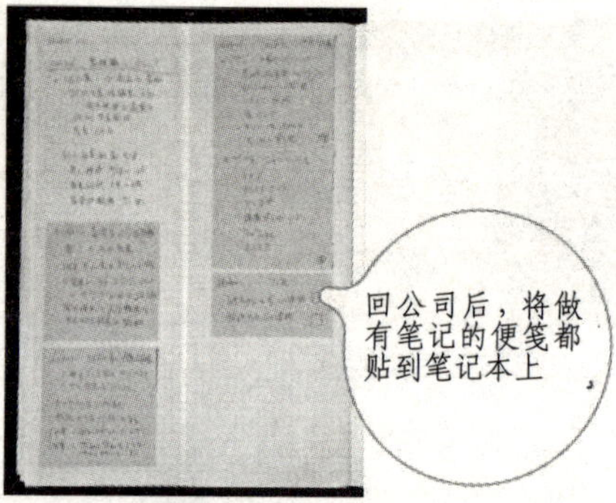


（7）第二天早晨笔记本的内容

## A4笔记本与便笺的信息同步

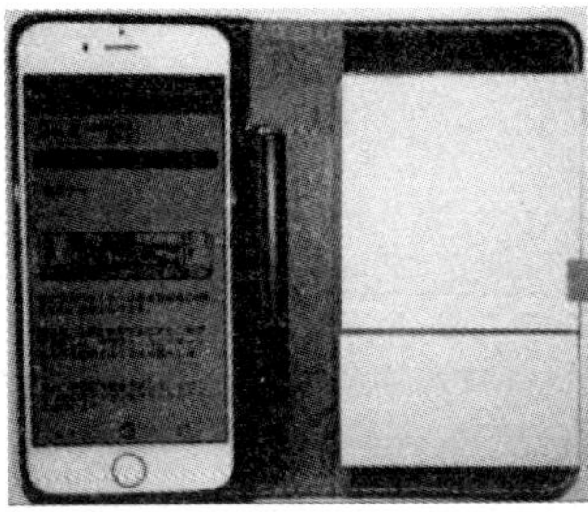

A4笔记本上的笔记与便笺上的笔记原本都是分别记录的。但是，通过将便笺粘贴到笔记本上的方式，让这些信息都按照时间顺序实现了同步。

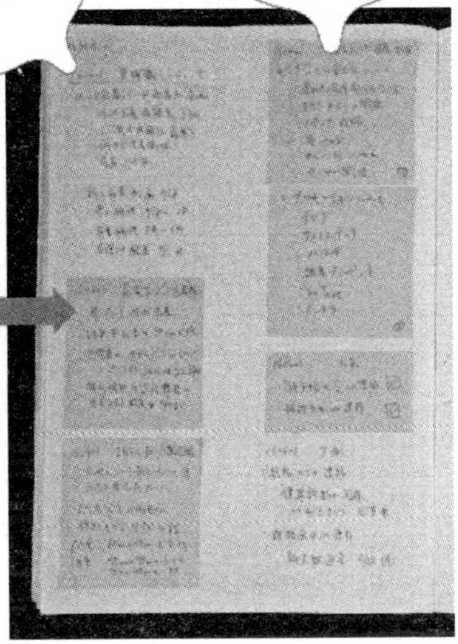

## 从今以后再也不会遭遇做了笔记的纸片丢失或灵感丢失等问题

发明家爱迪生曾说过一句话："Genius is one percent inspiration, 99 percent perspiration." 以前，我们总是将其翻译成"天才就是 1% 的灵感加上 99% 的汗水"。其实，这是对这句话的一个错误理解。

正确的理解应该是"1% 的灵感才是最重要的，如果没有那 1% 的灵感，即使付出 99% 的汗水，也是白搭"（语出万代博物馆[1]馆长金井正雄）。

在爱迪生的实验室中，爱迪生如果有了某个灵感，就会和助手们一起进行设计，最后交由拥有 5000 人的工程师团队制作成

[1] 万代博物馆是日本万代公司设立的一家玩具博物馆，于 2003 年 7 月 19 日开馆。该博物馆从万代公司收藏的 2.8 万件各国玩具中选出 6000 件展出，内容涉及工业革命、电视游戏机等，呈现不同时代的玩具沿革。其中还设有爱迪生博物馆，展示了与发明家爱迪生相关的约 300 件实物。

成品。

所以说，如果没有爱迪生的灵感的话，他的助手和工程师们所付出的努力就全部白费了。

虽然灵感是如此珍贵的宝物，但大部分人还是将其浪费了。

你是否遇到过这种情况：做好的笔记被弄坏了，或者记着重要内容的纸片丢失了。

我们所做的笔记，就像一张捕捉到了灵感的“网”，可是如果我们连“网”都弄丢了，岂不是鸡飞蛋打一场空了？

为了避免这样的情况再次出现，从今天开始，我们要告别使用手账或纸片，用便笺取而代之。

只有通过便笺这张“大网”，才能将大脑中闪现出的所有灵感都毫无遗漏地记录下来。

“三上”这个词你听说过吗？

“三上”指的就是“马上、枕上、厕上”。这是中国北宋时期的欧阳修提出的最适合在头脑中构思文章的三个场景，即外出骑在马上时、枕着枕头睡觉时以及上厕所时。

发现了没有，这三个场景最大的共同点就是不方便做笔记的环境。

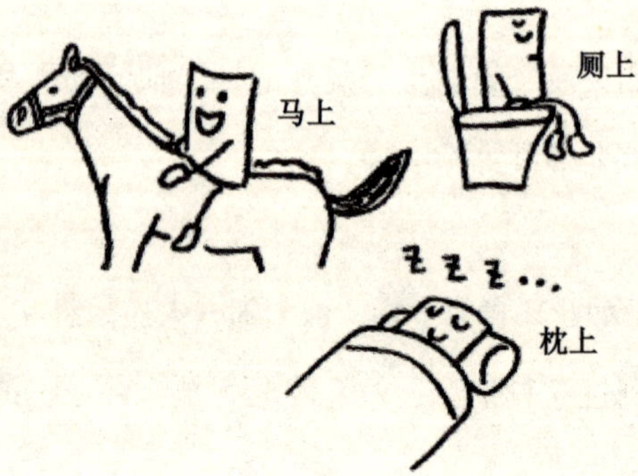


我经常借用这个来阐述能即时做笔记的重要性。

例如，在外出时，你就处于“马上”的状态。此时的你，就像是一台批量生产灵感的机器，在灵感迸发这方面天下无敌。只不过遗憾的是，将其记住的能力却很糟糕。

俗话说，“好记性不如烂笔头”嘛。这时，你可以将灵感的关键词都记到便笺上。之后，你只需再将便笺粘贴到 A4 笔记本上即可。

这样，你就能根据 A4 笔记本上的内容，接着外出时的思路继续思考下去了。

## 灵感就是脑中的流星——大脑意识与潜意识的协作结果

为何人会在那样特殊的环境下产生灵感或有重要的想法呢？

关键就在于“潜意识”这个东西。所谓“潜意识”，如其字面意思那样，指的是潜藏于人大脑中的意识状态，而这个思维过程又是不可见的。

但是，潜意识却扮演了超乎你想象的重要角色。

我们平时只利用到了大脑 10% 的功能，我们常说的意识，指的是这 10% 的部分（也叫作“显性意识”）。而剩下的 90% 都属于潜意识的范畴。

也就是说，我们真正的脑力应该是我们所知道的 10 倍。

人类的大脑结构与电脑十分相似。这也不奇怪，因为当初电脑就是模仿人脑设计出来的。

所以，我们可以电脑为例，来说明意识与潜意识之间的关系。

我们在电脑上操作后，显示屏上会显示出网站页面，或者Excel程序的计算结果等。

但是，在我们完成操作到显示屏显示结果这段时间里，电脑其实是在后台执行着各种命令，进行了无数次运算。

虽然其后台的运算过程不会在显示屏上显示出来，却是非常重要的。

我们通常在显示屏上看到的内容，都是这些后台运算的结果。

甚至，像Windows这样的基本操作系统还会自动进行运算，以此来维持电脑的正常功能。

人类的大脑结构也是这样的，在头脑中思考就等于对电脑进行操作。

所谓有意识地进行思考，就相当于通过鼠标和键盘对电脑进行操作。

思考的结果，即头脑中闪现出的答案，类似于电脑显示屏上显示的内容。这些都属于意识的范畴。

而对于人类的大脑来说，在“输入”与“输出”之间的这个过程才是最重要的。

在有意识地进行思考之后，我们的大脑就会自动地全力开动。

为了找出想要的答案，我们会在大脑中所积累的经验的基础上，结合从外部获得的一切信息，独立地展开模拟与创造工作。

与电脑的运算过程一样，大脑中的这个过程也是不可见的，也是无法被意识到的，是在我们自己都没注意的情况下进行的。

大脑的这种思考过程就叫作“潜意识”。

因为大脑90%的能力都是被潜意识独占的，所以我们没有理由不去好好利用它。

能让我们有意识地去利用这种潜意识能量的方法，就是大量的信息输入。

古今中外的成功者们都是利用这一方法功成名就的。他们没有什么特别的能力，也没有借助什么神秘的力量，仅仅是很善于利用大脑的潜意识而已。

顺便说一句，人体心脏与肺部的自律功能也是由潜意识来控制的。所以，没有了潜意识，我们都将无法活下去。

我们的思考自从被潜意识接棒以后，就开始了最为重要的“运算过程”，直至最后产生出灵感，而这中间是需要时间的。

因此，我们在外出骑马时、睡觉时、上厕所时、散步时、洗澡时，头脑中就会毫无预兆地突然冒出一些答案来。

回过头来看，如果没有通过思考向大脑中输入内容的话，不管我们散多少步、洗多少次澡，大脑也不可能输出“灵感”这一内容。

我们之所以会突然闪现出灵感，其原理就在于此。

灵感是不可能从“无”中生出的。

灵感，就是我们大脑中的意识与潜意识相互协作找出的最佳答案。如果不立刻记录下来的话，就会消失得无影无踪。这样的话，综合我们所有的能力与经验产生出的“最佳作品”就烟消云散了。

所以，我把这比喻为“脑中的流星”。为了不让脑中的流星转瞬即逝。古今中外的贤者都会在枕边或厕所里常备着笔和纸。

## 灵感产生的原理

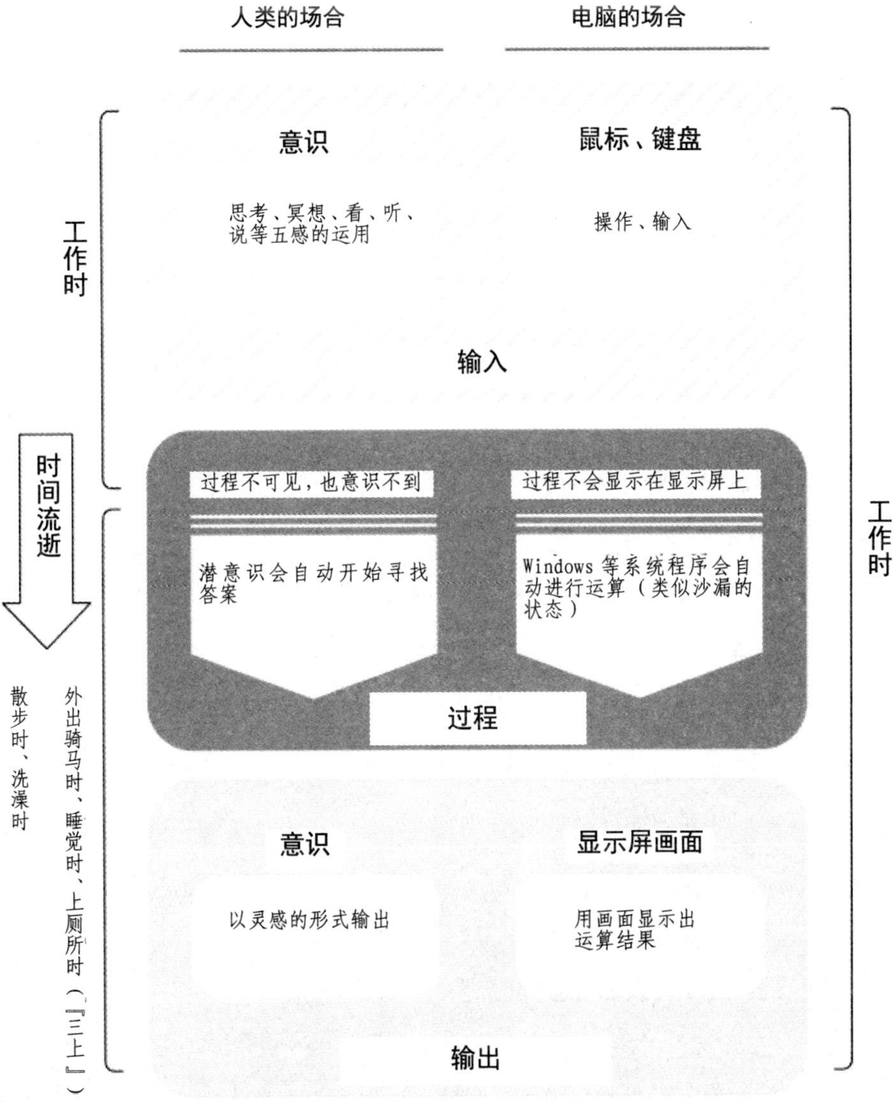
人类的场合
电脑的场合
意识
思考、冥想、看、听、说等五感的运用
鼠标、键盘
操作、输入
工作时
输入
时间流逝
过程不可见，也意识不到
潜意识会自动开始寻找答案
过程不会显示在显示屏上
Windows 等系统程序会自动进行运算（类似沙漏的状态）
过程
散步时、洗澡时
外出骑马时、睡觉时、上厕所时（『三上』）
工作时
意识
以灵感的形式输出
显示屏画面
用画面显示出运算结果
输出

## 你的人生被头脑里的“其他人”所支配

虽然我们无法注意到自己的潜意识，但在一些重要关头，潜意识会突然介入我们的大脑。

例如，当你要去面对某个挑战时，肯定会在自己的头脑里听到很多嘈杂的声音。

“可是，要是失败了怎么办？”

“可是，要是被大家嘲笑怎么办？”

“可是，没钱怎么办？”

“可是，没时间怎么办？”

“可是，没有自信怎么办？”

“可是，太麻烦怎么办？”

还有，当你意识到自己想做的事情并不是那么好，想打消这个念头的时候，这些声音也会出现。

“可是，也并没什么大不了的。”

“可是，只要没输得一败涂地就行。”

“可是，也没有其他法子，所以不得不这样呀。”

“可是，不这么做的话，自己会很难办。”

“可是，大家不都这样做的吗？”

这些声音总是以“可是”开头，所以我把头脑中的这些人称为“可是君”。有些人也会把这种声音叫作“魔鬼的耳语”或“一时冲动”。

在我的头脑里还有另一个与“可是君”完全相反的人，他是我值得信赖的助手。他总在我散步或者睡觉时，像流星一样闪现，然后又消失得无影无踪。

我把他叫作“灵感君”。

虽然没有确切的证据，但在“可是君”和“灵感君”之外，我的脑海中还存在着“激动君”“懒散君”等各种各样的人。

当我运用自己的直觉时，或者感到忐忑不安时，肯定就是他们中的某一个开始骚动。

倾听他们所发出的声音的一个方法，叫作“冥想”。

很多了不起的点子和世纪大发明，都是从这些声音中得到启示的。巫婆们会把这些声音说成是上帝的告诫。

学者们则给这些声音起了一个专门的名字——“潜意识”（或“隐性知识”）。

换成我们容易理解的词，就是“心声”。

在体育和艺术领域，有很多难以用语言表达的技巧和感觉。

像武士道、茶道这样带有“道”字的事物，或者一直传承的技法、匠人技艺等，其本质上都是必须通过亲身体验或一定的修行才能掌握的智慧宝库。

这些无法用语言表达的技巧和感觉，就是隐性知识。

其实，我们所经历的、所关注的事物，大部分都属于隐性知识。由于无法借助语言，所以当我们用大脑中的意识来处理时（其以语言为前提），就会感到很棘手。

因此，对这些内容的处理，都是由潜意识一手包办的。

潜意识或心声都是我们内心的产物，所以，你会认为这些人全都是你自己吧。

单从自己心中的各种想法的角度来说，确实可以把这些人都认为是我们自己。

但是，既然他们是你的一部分，你应该能控制他们啊。可为什么到头来，自己反而被他们控制了呢？

正如你所注意到的那样，几十年来你一直生活在“可是君”的各种声音之中。

“可是……”听了他的话，打消了自己原先的念头。

“可是……”听了他的话，做出了错误的选择。

“可是君”并不是你，所以你也不可能控制他，反而有时候会被他所控制。

因此，你所能采取的唯一方法，就是完全无视“可是君”的意见。

与之形成对比的是，“灵感君”所带来的灵感是值得我们依赖的。我们可以无视“可是君”，但不能无视“灵感君”。因为，只有我们捕捉到每一个稍纵即逝的“灵感君”，才能让自己走向正确的方向，消除各种烦恼，实现心中的梦想，从而让自己获得人生的自由。

到目前为止，你是否一直对“可是君”言听计从呢？

还是说，你能捕捉到“灵感君”并充分利用好他呢？

对“可是君”言听计从的人，很难走上自己想走的人生道路，终其一生都将是不自由的人生。

与之相反，能捕捉到“灵感君”的人，才可以利用其力量走上自由的人生之路。而便笺就是我们捕捉头脑中如流星般划过的“灵感君”的秘密武器。

总之，“便笺笔记法”是我们百分之百有效利用潜意识或隐性知识能量的一种方法。

## 意识与潜意识

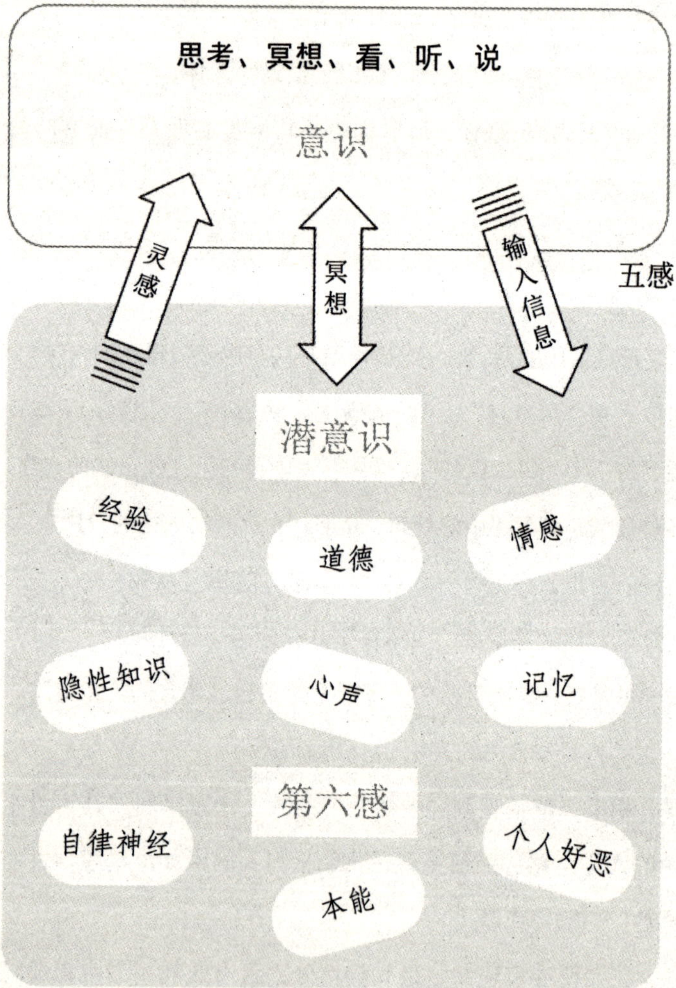

## 捉住“灵感君”，把他换成钱

我们头顶的天空，每天都有无数流星划过。但由于其发出的光亮我们的肉眼不容易看得见，所以一般我们不会注意到。特别是在白天，就更不可能看见了。

同样，我们的大脑中每天也会闪现很多灵感。有些是我们没留意到，有些则是因为来不及记录，而被遗忘了。

那么，如果我告诉你一个灵感的价值相当于100kg金块，你会做何感想?

也许这让你大感意外，捕捉“灵感君”这件事竟有如此高的价值。

有的时候，只需捕捉到一个灵感，便能将其转化为大金块，而有的时候灵感又像沙金那样细微。

虽然很有价值，但由于“灵感君”通常来无影去无踪，所以我们必须在其闪现的一瞬间用便笺将其捕捉到。

我们不断地捕捉灵感，就能让藏宝的地点逐渐浮出水面。让我们将这些捕捉到的灵感都统统换成真金白银吧。

我现在之所以能获得金钱上的自由和时间上的自由，就得益于自己一个不漏地捕捉到了灵感，并加以利用。

我创办公司的想法，是拜“灵感君”所赐；我让妻子当社长的点子，也是“灵感君”教我的；“灵感君”还教会了我金钱的秘密；甚至出版书籍，也是借助了“灵感君”的力量。总之，通过不断借助“灵感君”的力量，才让我的家庭成了今天的样子。

相反，假如我只对“可是君”言听计从的话，可能现在还在为借钱的事而四处奔走呢。

## “便笺笔记法”与 Windows 系统有着相同的作用

之前我们说过，人脑与电脑有着很相似的结构。

其实，便笺笔记也是基于人脑和电脑的结构创造出来的。

电脑的构成主要是高性能的集成电路芯片，还有 Windows 这样的操作系统，然后是针对不同目的编写而成的应用程序及软件。

与之类似，人类大脑的脑神经就相当于高性能的芯片，潜意识就是能应对各种信息的基本操作系统，而所有的“应用程序”就是在大脑的意识层面运行的。

你之所以能感知到自己，就是因为意识这一“程序”在起作用。

而“可是君”与“灵感君”都属于潜意识（操作系统）的范畴。

所以，人脑有着与电脑类似的三层结构。

其实，世间万物基本上都有所谓的三层结构，如“天、地、人”“陆、海、空”“红、黄、蓝”“松、竹、梅”“人、物、钱”等。

便笺笔记也与人脑和电脑一样，具有三层结构。便笺和笔记本就相当于神经细胞或芯片，“便笺笔记法”就相当于是潜意识或 Windows 系统，而大脑意识或应用程序就是指各种做笔记方法。

通过这样的分解，我们找出了传统的做笔记方法不好用的真正原因。

传统的做笔记方法，强调以笔记本为主，而单个的笔记本是不能发挥出高性能芯片的作用的。

当然，也有很多优秀的做笔记方法，但它们最多算是针对不同目的而设计出来的“应用程序”。

也就是说，一台原本性能就差的电脑，仅仅有应用程序，而缺少了像 Windows 这样的基本操作系统，那就处于一个不完整的状态。

至于手账，因为从一开始就有现成的格式，所以很难让我们自由地使用。

与其说手账是一台电脑，还不如说更像是一台打字机。因此，会让我们感觉像戴着手铐一样难用。

然而，便笺笔记则有着绝妙的三层结构。

便笺笔记之所以方便易用，是因为它和你的大脑有着类似的构造，很容易上手，并能快速适应。

而“便笺笔记法”就像是操作系统，可以与传统的做笔记方法相结合，成倍发挥效果。

而且，你可以在这个大框架下，使用所有的笔记本或手账。

例如，你是一直使用大号手账或笔记本的人，那么今后你可以在出门时只随身带上便笺就行了，两者相结合后的使用效果会更好。

如果你是一直随身携带小号手账的人，那么请将便笺粘贴到手账上，同时在办公室或自己家中再准备一个大号的笔记本。

所以，对于你的手账或笔记本来说，“便笺笔记法”就像操作系统一样，发挥着重要的作用。

### 便笺笔记与电脑、智能手机有着相同的作用

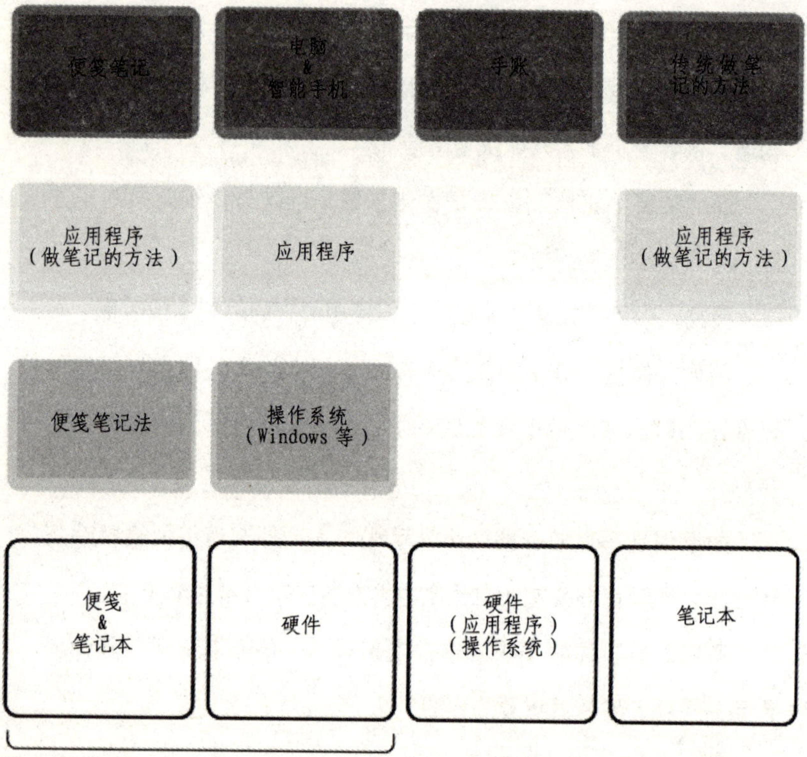


硬件与操作系统、应用程序之间分工明确，自由度较高

硬件（手账）同时承担了操作系统与应用程序的角色

传统做笔记的方法只属于应用程序的范畴，缺少操作系统的支持

## 做笔记必须一步搞定

做笔记最重要的三大要求，就是让任何人都能简单地做到：**即时记录、快速检索、灵活高效地运用。**

为了实现即时记录，我们对便携性的要求就必不可少了。

此外，为了不让信息变得分散，或者出现信息泄露的情况，唯一的方法就是只随身携带便笺。

不过，就即时记录这一点来说，还有一件事与便携性同样重要。那就是便捷性，也就是要能零步骤做笔记。

每个人都讨厌麻烦的事情。一点点烦琐的事情，就会让人失去行动的动力。

学习也好，运动也好，健康饮食也好，虽然这些都是很重要的事情，但是由于其比较麻烦，往往让人想逃避。

同样的道理，无论多么重要的信息，如果记录起来很麻烦的话，我们就不想记录了。

在做笔记时，哪怕只有一个多余的步骤，也会让我们失去行动的动力。

因此，像口袋手账这样的产品，也是有弊端的。

为了做笔记，我们要翻开手账，一直找到空白的那一页，这个过程会让人感觉麻烦。

我曾经多次说过，再重要的内容都会在一瞬间忘掉，特别是像灵感这样的东西，十分重要，但又稍纵即逝，真像是一个任性的家伙。

要捕捉到这个任性的家伙，我们就必须以做笔记的方式来“网住它”，而在这个过程中如果能一步搞定，那就更好了。

总之，我们应该**时常在手边准备这样一个工具，可以让我们在关键时刻无须寻找，也不用打开页面，直接就能开始做笔记。**它就是便笺纸。

## 到处都是速记本，绝不让一点点灵感溜走

不用翻开就能马上开始做笔记的代表产品，就是速记本。

所谓“速记本”，就是那种纸张直接暴露在外面的传统笔记本。

事实上，它才是一步搞定，实现即时记录的“冠军”。

笔记本或手账都是由很多张纸组成的，所以我们在使用时难免要翻页寻找，这个过程就耽误了数秒钟的时间。

虽然只是一个步骤，但成败就在这一个步骤。一步之差就会产生出人意料的效果。

我想大家都有过这样的经历：关键时刻，随手拿起偶然放在桌上的纸片就开始写起来。

此时，你不可能特意去寻找手账或笔记本，将其翻开来使用。

而智能手机或电脑也是绝对不够方便好用的。

然而，速写本特别方便进行即时记录，因为其纸张就露在外面，和放在桌面上的纸片一样，发挥了同样的作用。

速写本

还有一个与速写本有着相同威力的做笔记工具，那就是便笺。便笺的纸张也是露在外面的，可以像速写本一样来使用。

无论何时何地都可以用便笺。你可以事先在可能会冒出灵感的所有地方粘贴好几十张大号便笺，只要不碍事即可。

仅通过这一方式，就让这个地方变身成速写本。

我会在桌面贴上便笺。这样一来，桌子就成了我的速写本。

而且，便笺可以很牢固地粘贴在桌面上，在写字的时候也不会乱动。

这很适合一只手拿着电话，另一只手做记录的情况。

在哪个地方贴上便笺，就能将这个地方变成速写本。我充分利用了便笺的这种特性，在A4笔记本的封面上也贴了几十张便笺。当需要记录时，不用再花时间翻开笔记本，就可以毫不犹豫地开始做笔记。

此外，我还在冰箱、微波炉、电脑、手提包、手机保护套内侧、银行卡包内侧等都贴上了便笺。

你也可以根据自己的喜好来多做尝试。

顺便说一下，根据不同的地方，事先准备不同颜色的便笺，也是一大妙招。

例如，我就会在手机保护套的内侧贴上黄色的便笺，而桌面上贴的是粉色的，卧室里贴的是绿色的，厕所里贴的是淡蓝色的。

这样，当我事后看这些便笺上的笔记时，就能回忆起当初是在哪里写的。

回想起做笔记的场所，就能让我们回忆起当时的画面以及事情的经过，对我们整理思路有极大的帮助。

事先贴在桌面上的便笺

## 出门只带上便笺，笔记本留在家里即可

为了做到在任何场所、任何时间都能即时记录，我们必须经常将便笺带在身边。这里我向大家推荐“手机与便笺一体化”的方法。

现如今每个人都有手机，而且大多还是智能手机。所以，我们可以尝试让便笺与手机结合到一起。

虽然市面上有各式各样的手机保护套，但目前流行的还是手账式的翻盖保护套，所以我推荐大家将便笺事先粘贴到保护套的内侧。

我还拜托自己的一位朋友，帮我在手机保护套上缝制了一个圆珠笔套。

将塑料文件夹裁剪后当作便笺的底板来使用，这样便笺就不

容易脱落了。将其插入手机保护套的内袋中，以后所有的便笺都粘贴在上面。

而做过笔记的便笺，则可以临时粘贴在底板的背面保存。

最近，越来越多的人开始使用谷歌日历来管理自己的日程，我也是利用谷歌日历来安排自己的私人生活的。同时，我也会在智能手机里存储我的地址簿。所以，手账的日程管理和地址簿管理这两大功能，可以说已经被智能手机取代了。

另一方面，由于智能手机不适合用来进行即时记录，所以**做笔记和“To-Do 任务管理”的功能则交由便笺来承担。**

便笺与智能手机分工明确。像这样，便笺与智能手机实现了一体化，可以替代传统手账的大部分必要功能，真可谓是一件利器。

我出门时就将便笺和手机都带在身上，一有时间就可以做笔记。等回到办公室后，再将这些便笺都粘贴到 A4 笔记本上。

对了，为了更加方便管理，请记得在每一份记录的开头都标注上日期。例如，2016 年 5 月 9 日，就可以写成“160509”。在日期的旁边还可以写上工作的内容以及客户的名称等。

# 第四章

## 利用“便笺笔记”实现信息的统一管理、快速检索

你是否也想起了这些意外场景呢——应该是做了笔记的，但就是想不起来写在哪儿了；原本放在抽屉里的文件找不到了……对于文件或信息的管理，绝对要遵循“一个口袋”的原则。与仅凭外观就能将其区分开的实物体不同，文件或信息是没有办法用外观来区分的。

## 一分类，重要的笔记就失踪了

还记得做笔记的三大要求吗？**让任何人都能简单地做到即时记录、快速检索、灵活高效地运用。**

只要能同时满足这三个要求，就能解决所有问题。

我们曾经也说过，为了能即时记录，便携性与便捷性是很重要的。

另一方面，即便我们立刻将重要信息都记下来了，但如果之后不知将笔记本放到哪儿去了，也是白忙了一场啊。

因此，第二点要求“在记录之后，能够快速检索到所要的信息”也是很重要的。

你是否也想起了这些意外场景呢——应该是做了笔记的，但就是想不起来写在哪儿了；确实是写在手账上了，但怎么也找不到那些内容了；原本放在抽屉里的文件找不到了……

要想不再遇到这样的问题，可能每个人都会很自然地想到一种方法吧。

那就是，**进行分类。**

说来也许会让你感到意外，分类的做法反而是各种问题的根源，只会让问题变得更加复杂。

因为，笔记通常会涉及各种要素和各个方面的内容，所以**分类这项工作本身就是一件麻烦事。**

举个简单的例子，你会如何对蝙蝠进行分类呢？因为它能靠翅膀在天上飞，所以就将其归入鸟类吗？

可是，从生物学上说，蝙蝠并不是鸟类，而是哺乳类动物。所以，为了忠于科学，应该将其归入与我们相同的哺乳类。

不仅分类时让我们感到头疼，时间一长，甚至连将其归入哪一类也都忘记了。

可供选择的分类会无限增多，不知不觉间，分类的标准变得模糊起来。到最后，甚至连该归入的类型都找不到了。

如果我们在做笔记的阶段心里就想着要如何分类的话，将会感到非常麻烦，最终让我们不想再做笔记。

从这一点来说，在做笔记时，所有内容不进行分类才是正确的做法。

## 人类是健忘的动物

做有笔记的纸找不到了，不知道把笔记做在哪儿了……出现这些问题的原因大致可分为以下两种情况。

其一，同时使用多个手账或笔记本，导致不知道该在哪一本里查找。

其二，信息量太多，需要的内容被掩埋在堆积如山的信息里了。

第一种情况——不知道该在哪一本里查找，可以说是人类这种健忘的动物的宿命。

当我们刚刚做完笔记时，对于写在哪儿了的印象还是比较深刻的。

你原本想着这么深刻的印象，肯定忘不掉，可悲催的是，刚过了一天，你就已经忘掉了一半，一周后几乎就忘掉了大部分内容。

换作我的话，最糟糕的情况是全部忘光光。

德国心理学家赫尔曼·艾宾浩斯（Hermann Ebbinghaus）曾说过，人会在 24 小时内忘记 74% 的内容（即“遗忘曲线”）。

越是忙碌的人，这种倾向就越明显。所谓“贵人多忘事”嘛。

因为我们的记忆力是有极限的，这也是没办法的事。

那么，该怎样做才好呢？

答案很简单，在肯定会忘记的大前提下，我们应该采用一种无须查找就能获得所需信息的模式。

## 将信息只放进“一个口袋”中，即使全都忘了也没关系

最简单的一种使用模式，就是将所有的信息都存放在一个地方。

因为，当所有的内容都集中在一处时，就会让搜索信息变得非常快捷。

即使万一找不着了，也不会担心，因为你知道肯定就在这里面。你可以很自信地再彻彻底底地搜索一次。

像这样，将所有重要的信息全都存放在一处的思路，被称为“一个口袋”原则。

对于文件或信息的管理，绝对要遵循“一个口袋”的原则。

与仅凭外观就能将其区分开的实物不同，文件或信息是没有办法用外观来区分的，它们更像是装在箱子里的东西。

因此，仅靠一句“就放在这个抽屉里了”，是不足以让我们找到所需文件的。因为我们查找的对象是看不见内容的文件，所以“存放在某个抽屉”这句话会使搜索的范围过于宽泛。

所以，要点就是让所查找的文件或信息都集中在一个手账或笔记本这样的狭小范围内，才能让我们确定就在其中。

## 笔记太过分散，会让思路也变得分散

“一个口袋”的原则不仅适用于手账和笔记本，对于文件、数据或信息来说，也是实现轻松搜索的最基本思路。一旦这个原则被破坏了，搜索所需的时间就会大大增加。

而且，搜索这件事意味着要让思考和工作被迫中断。正在进行中的工作，一旦发生中断，所耽误的并不仅仅是中断的这段时间。因为要恢复到原来的工作节奏，也需要花一些时间。

富兰克林·柯维（Franklin Covey）公司的原副会长希鲁姆·W.史密斯（Hyrum W.Smith）就曾经说过：**“从中断中恢复所需要的时间，会比中断的时间还要长。”**

也就是说，可能有相当于搜索所耗时间的 2 ~ 3 倍时间被浪费了。随着压力的不断增加，工作效率就会一直下降。

因此，那种宣称要分别使用多个手账或笔记本的“灵活笔记法”，只适合特别优秀的人群来使用，一般人最好还是别尝试了。

要做到让任何人都能轻松模仿并学会使用，就必须严守“一个口袋”原则。

会受使用者的才能与努力程度影响的做笔记方法，都只能是“手铐”。只有 1% 的天才才能用得惯这种方法。

而“便笺笔记法”就是将所有的信息都集中到便笺笔记上的一种使用模式。

这种使用模式具有自动集中信息的功能，与你本人努力与否、擅长与不擅长都没有太大关系。

## "一个口袋"原则让你远离危险

"一个口袋"原则，不仅能帮你节省因搜索而被耽误的时间，还能防范失误，并防止事故发生。

只要遵守"一个口袋"的原则，就能避免在工作中遭遇"分身怪"的问题。

"分身怪"一词，最早是野口悠纪雄在《超级整理法》中介绍的，之后广为人知。其主要指的就是在用电脑编辑文件时会发生的一种失误。具体就是将原文件复制后，又分别对原文件和复制的文件进行不同的编辑操作，导致两个文件中的内容都不完整。

特别是很方便进行复制的电子文件，更容易出现这种失误。不过，如果用手账或笔记本，也有可能因为使用了多个手账或笔记本，导致口袋数量增多，而出现类似的情况。

例如，同时使用随身携带的手账和放在家中的日志本，同一个主题或项目的笔记，会分别记在手账和日志本上。

虽然将最新的信息记录在随身的手账上，但是回过头来又对日志本上的旧笔记进行加工整理，这样就会产生“分身怪”的问题。

在原有的信息中加入了一些来历不明的信息，最后让笔记内容变成了特别奇怪的样子，等到自己注意到时已经为时已晚了。

现在，你已经明白了“一个口袋”的重要性了吧。下面结合实际情况来看看“便笺笔记法”是如何运用这一原则的。

利用“便笺笔记法”，可以将所有对你来说重要的信息都集中到A4笔记本上，自动维持“一个口袋”的状态。

笔记本与便笺原本是两个不同的东西，但便笺的“同步功能”使其合二为一了。

乍一看好像不入流，但实质上却是一流的方法。

在便笺上做笔记的瞬间，就好像是用便笺这架“飞机”装载了信息这个“乘客”。

“飞机”的使命就是带着信息这个“乘客”，降落在“跑道”——A4笔记本的纸面上。

## 即使“口袋数量”增加到两个，仍要严守“一个口袋”的原则

以往很多的做笔记方法，都会大力宣扬将信息都记在同一个笔记本或手账上的重要性。

其中，大多是这样的内容——不能同时使用多个笔记本或手账，要将内容都记在小型笔记本或同一本手账上。

“便笺笔记法”所实现的“一个口袋”原则，可以说与它们既相同又不相同。

为什么这么说呢？因为确实最后是将信息都集中到了一处，但是在做笔记的过程中，却并不拘泥于同一个笔记本。

你可以将工作中用的笔记本与私人生活中用的笔记本分开。

对于白领来说，这样的方式才是最自然的。

开会时，打开你的笔记本，不用担心上面会记有私人生活方面的内容，而导致你的思路开小差。

如果我们从一开始就清楚地知道是在何时何地记录的什么内容，那么找起来就不会觉得辛苦了。

例如，你在拜访客户时所做的笔记，不一定仅限于与客户交

## 传统的“一个口袋”思路

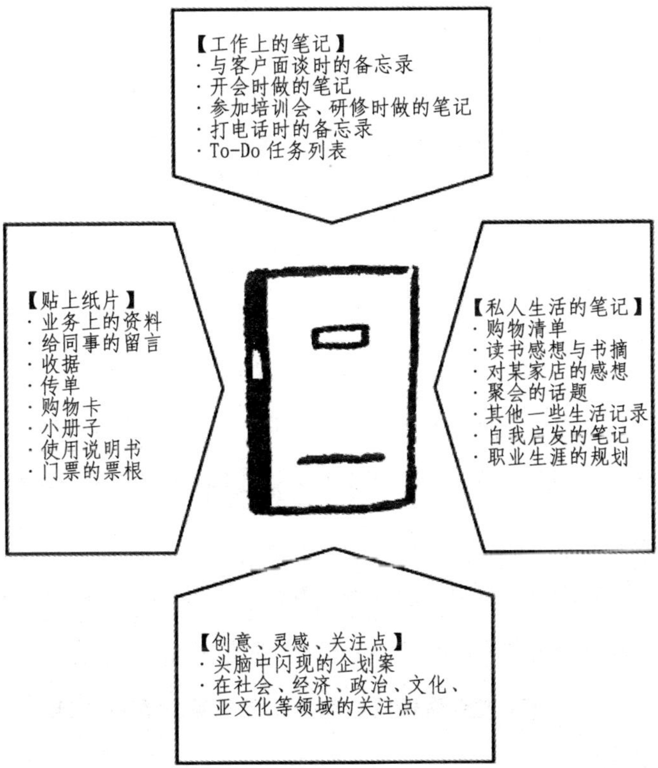

谈的内容，也可以记录竞争对手的一些信息。还有，受谈话内容的刺激，头脑中突然冒出的灵感，或者是能提高自己职业能力的想法，与家人相关的各种事情等，都可以记下来。

如果用的是那种已经装订成册的笔记本或手账，在其上记录这些毫无关联性的内容，就会使信息变得特别混乱。

为了进行分类和整理，你不得不根据不同的主题将其抄写到其他的笔记本或手账上。

而使用便笺笔记，就不会有这样的烦恼了。

因为你可以根据便笺上记录的内容，将其粘贴到对应的地方去。

这样一来，所有的笔记都能回到其原本应该待的地方。

它们“着陆”的地方，就相当于每一张便笺笔记的“户籍地”。

**与公司业务有关的笔记，就粘贴到专门放在公司里的业务笔记本上。**当然，你还可以根据业务或项目等，再细分成不同的笔记本。

不过，如果笔记本的数量变得过多的话，就会遇到之前提到的“蝙蝠分类”的烦恼了，在这方面也应多加注意。

此外，**与私人生活相关的笔记，就粘贴到家中的日记本或笔记本上。**

**写有 To-Do 任务列表的便笺，可以粘贴到执行该任务的具体场所。**

总之，我们没有必要将所有信息都记到同一个本子上，而是要让类似的信息都归为一处。这才是最佳方式！

这样一来，便笺上的信息就会到达“最佳的场所”，那么，无论做何种内容的笔记，都能安心从容地去书写了。从此再也不用烦恼要将其记到哪儿，要如何进行分类了。

不管是多么让人觉得不好意思的灵感或关注的内容，都可以毫无顾虑地立刻记下来。

因为，你之后都会将其粘贴到私人的笔记本上，或者是直接丢弃。

如果是将工作和私人生活的内容都混杂着记在同一个笔记本或手账上的话，那么，一些不可公开的事情，我们不能写到上面。想象一下，当你在开会时，一旁的同事瞥见你笔记本上的内容，那该多不好意思啊。

使用“便笺笔记法”就不会有这方面的顾虑了，它给了我们记录任何灵感的机会。

## 传统手账与便笺笔记

【传统手账】
各种信息混杂在一本手账上

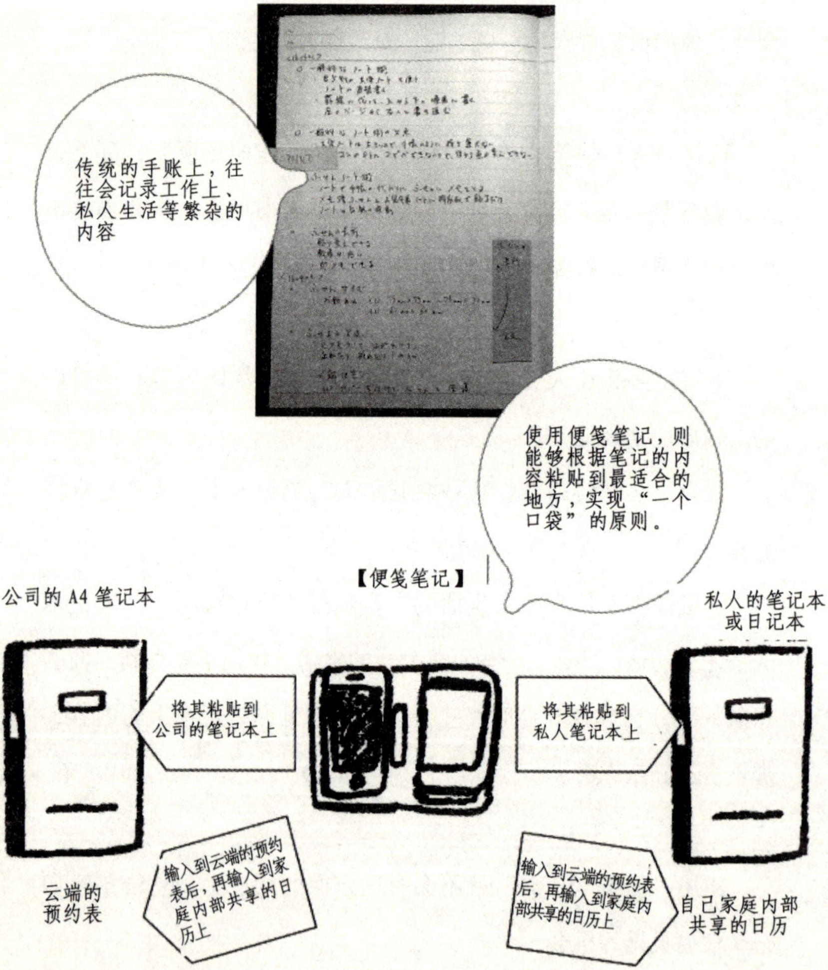

## 使用标记重点的功能对任何笔记进行快速检索

我们可以使用彩色铅笔将粘贴在笔记本上的一张张便笺中的关键词标记出来，这样后期检索时就会方便许多（标记重点功能）。选用颜色比较鲜艳的彩色铅笔，这样既可以当作普通的笔来用，也能当作记号笔来用，真是一个多功能的文具。也可以用彩色圆珠笔来代替。

只需通过做标记的方式，我们就制作出了一份“索引”，你所需要的信息一眼就能找到。这与看报纸时是相同的感觉，让以往的笔记都汇聚到自己的眼前。

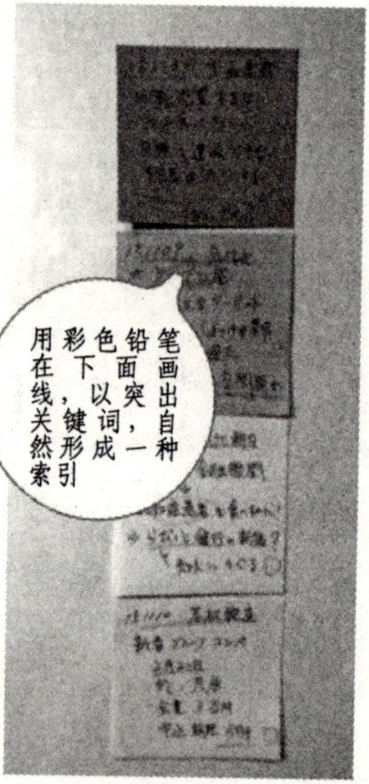


带索引的便笺

主题相互关联的笔记，可以按照时间顺序粘贴在同一位置上，再用彩色铅笔画线，将其串联起来。

在摊开的笔记本上，相互关联的笔记都串联到了一起，互相补充参照，可以使内容得到深化与扩充。也只有像A3这种尺寸的纸面，才能让这么多的信息排列在一起。

当我们用连线将笔记串联起来后，相关的内容一览无余，头脑中就会冒出此前单独看每条笔记时不会有的想法。

对于重点内容，可以再用彩色铅笔描一遍。

这样一来，隐藏的点子就会自己浮现出来了。

分别用不同的颜色标注不同的关键词，能让效果更佳。

通过这种方式，让笔记有机地串联起来，能更有效地推进工作。

将思维活动从大脑中转移到了纸面上，变得可视化，让我们对工作或生活笔记有了一个更加具体的印象。

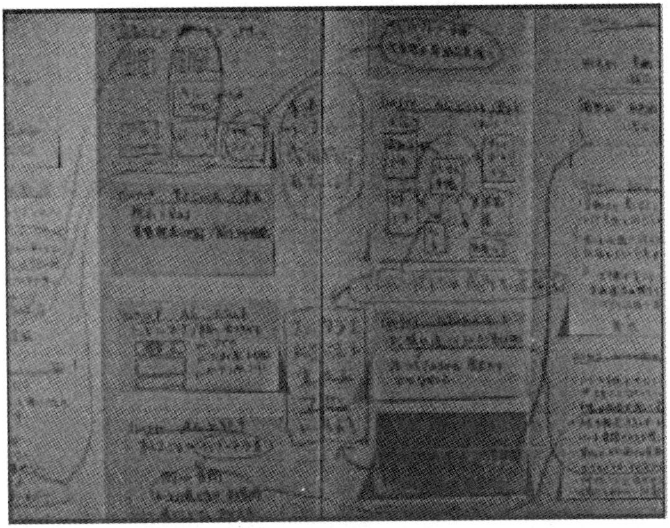

用彩色铅笔将笔记串联起来

这种感觉就好像是“过去的你”与“现在的你”在进行头脑风暴。

与你讨论的对手，不是“今早的自己”，就是“昨天的自己”。

没有比这种由同一水平的人一起进行头脑风暴更有效率的方式了。

只需自己一个人，就能进行如此高水准的头脑风暴。

而如果将信息都分散在小型手账的各个页面上，是绝对不可能实现这一点的。

## “万能便笺笔记本”的制作方法与使用方法

虽然仅靠 A4 笔记本与便笺的搭配组合就已经能发挥出便笺笔记的威力了，但我们还可以再加上三个配件，制作出“万能便笺笔记本”。

只需要 5 分钟的时间，使用在任何商店都能买到的廉价文具，就可以进行改造了。所用到的文具有：装订夹[1]、塑料文件袋、笔记本保护套。

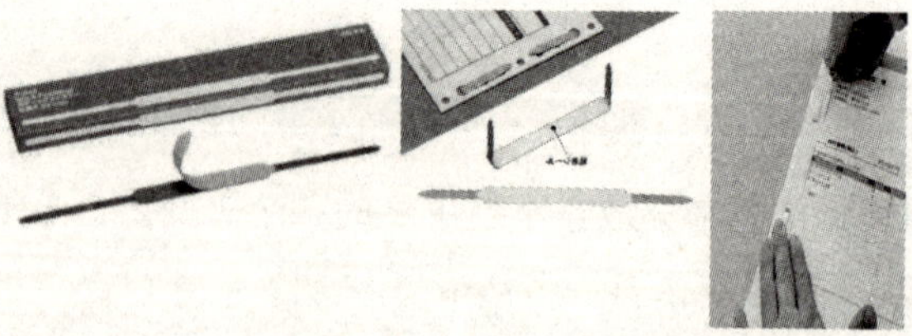

**图片来源：Yahoo！ Japan**

[1] 装订夹：在日本叫作 Stick Fastener，是一种用来固定打孔纸的工具。

我们最开始要用到的装订夹，是一种固定工具，可以在文具店或网上买到，一个大约 20 日元（约合 1.2 元人民币）。

制作方法也很简单，主要有以下几步：

**1. 将事先用打孔机打好孔的稿纸紧贴在笔记本封底的内侧，然后用铅笔在圆孔的位置画上标记。**

**2. 用小刀在铅笔画出的标记上钻出直径约几毫米的孔。**

**3. 将装订夹的两头插进孔里（从笔记本的外侧向内侧插入）。**

**4. 将市面上销售的塑料文件袋（通常用作塑料文件夹的内页）插入装订夹的尖头里并固定好（实现文件夹的功能）。**

**5. 套上笔记本保护套，就大功告成啦。**

我现在所用的保护套虽然是那种塑料材质的廉价产品，但是其内侧也是带有小口袋的。

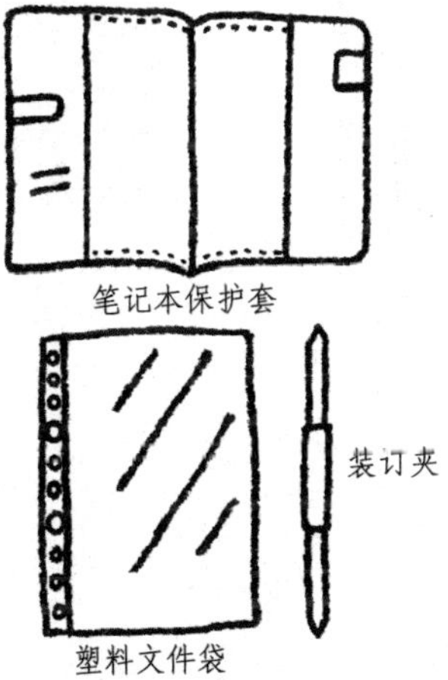


A4 笔记本的一些配件

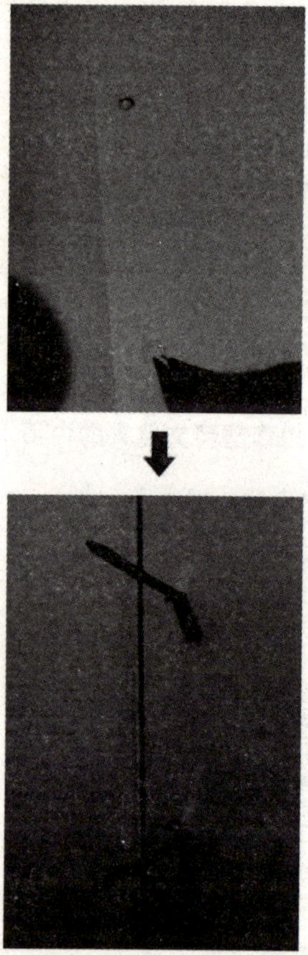

用铅笔做出标记，然后用小刀钻出孔，再插入装订夹

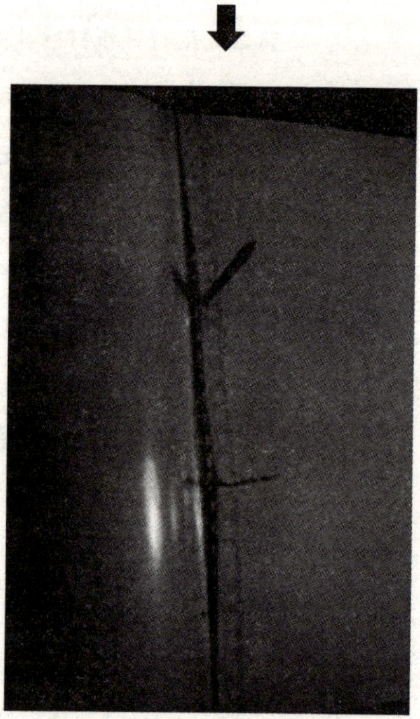

将塑料文件袋插入装订夹的尖头里

## 让所需的信息都汇聚眼前的“印象检索功能”

之前我们提到过，做有笔记的纸找不到了，不知道把笔记做到哪儿了……出现这些问题的原因大致可分为以下两种情况。

其一，同时使用多个手账或笔记本，导致不知道该在哪一本里查找。

其二，信息量太多，需要的内容被掩埋在堆积如山的信息里了。

严格遵守“一个口袋”的原则，可以解决第一个问题。

由于“信息的下落”被缩小在特定的范围内，所以就能大幅度缩短我们检索的时间。

只要我们能事先知道内容被记在笔记本的哪一页上就可以了。

仅需 1 秒钟的时间，就能找到所需的信息，这能让工作效率得到极大的提高。

而针对第二点“需要的内容被掩埋在堆积如山的信息里了”，只要我们将“山”铲平，就能一眼看到所有的信息。

这种能将所有信息一览无余的能力，被称作“一览性”。

我们可以借用卖场的例子来理解所谓的“一览性”。例如，像奥特莱斯（Outlets）那样位于郊外的大型购物中心。其共同的特点是，几乎很少有高层，这样做的最大优势就是能让你一眼看到整个卖场。

当你一眼能看到整个卖场时，寻找所需的商品就变得十分简单了。

假如换成市中心那种高层大厦的话，这些商品可能会分布在几十层楼里，绝对是无法让你一览无余的。

同样的道理，如果能让所有的信息都出现在同一页面上，你不就能一览无余了吗？查找所需的信息也会变得特别容易。

那么，A4 开本的笔记本摊开后，刚好就是一张 A3 纸的面积，可以容纳很多信息。

通过与口袋手账对比，能让你理解得更深刻。

小型的手账在查找信息时，不得不来回翻页，而 A4 笔记本的话，只需很少的动作，大概只有前者几分之一的步骤。事实胜于雄辩，还是请实际体验一下吧。

不需要来回翻页，一眼就能找到信息，这可是一项很强大的优势。比如，当我们摊开一张报纸，就能根据版面上的“新闻索引”，找到自己所关心的新闻。我们就是用这样的方式来找到所需的信息的。

哪怕所需的信息是图像，也同样能进行检索，这一点是电脑所不能比拟的。

当我们想不出准确的关键词时，也可以进行模糊搜索。这就像是将很多信息都放入了“哆啦A梦”的口袋里一样，通过这种“印象检索”的功能，可以**让所需的信息自动从口袋中跑出来。**

## 像报纸一样的大版面让信息变得可视化

我们每天看的报纸，其版面尺寸是 54cm × 82cm。

正因为有这么大的尺寸，才让我们毫无压力地将整个版面一览无余，瞬间就能找到自己关注的新闻。

而在职场和学校，A4 尺寸却成了通用的标准。

这一尺寸为了照顾“便利性”，而牺牲了“一览性”。

换作笔记本的话，也是一样的，为了更方便使用，而采用了牺牲“一览性”的 A4 开本。不过，A4 笔记本完全摊开后，面积大约是 1260cm$^2$（30cm × 42cm），其能容纳的信息量，是面积不足 150cm$^2$ 的口袋手账所不能比的。

而且，A4 笔记本使用起来比较灵活，没有固定的规则。在这里，我给大家介绍一下自己的使用方法。

## 一眼就能看遍所有信息

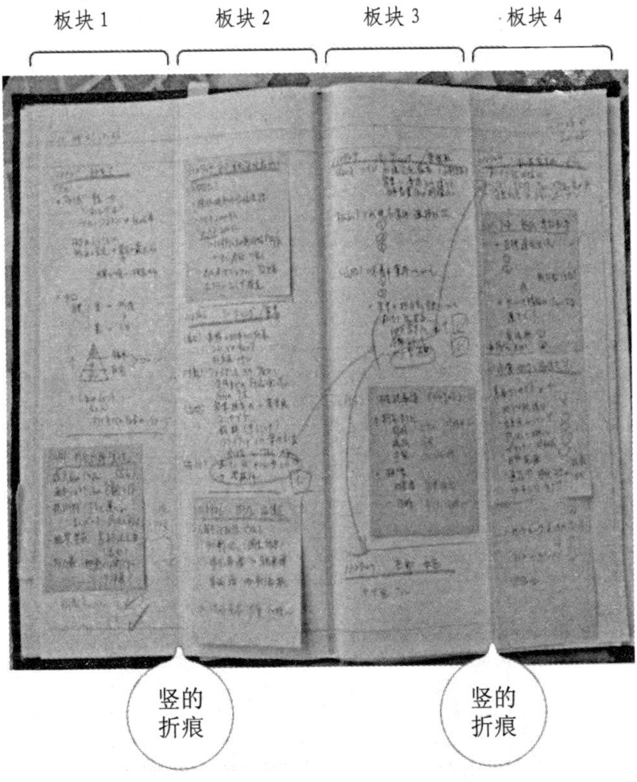


将 A3 的纸面 4 等分（即将每张 A4 纸 2 等分），然后将做有笔记的便笺按照时间顺序粘贴在上面。

由于 A4 纸的横向长度是 21cm，所以如果直接在上面粘贴很多内容的话，浏览起来会让眼睛很累。

具体的做法，就是将纸张对折，形成一条竖的分割线（竖着的折痕）。

可以每 5 页折一次，这样就不需要用笔和尺子来画线了。

用这一方法，能将一列内容的横向长度限制为 10cm。这与 A6 笔记本一页的横向长度是相同的，所以也很适合用来直接做笔记。如果你用的是方格纸或空白纸的笔记本，也可以将其横过来使用。

# 第五章

# 灵活地使用，充分发挥脑力

在“便笺笔记法”中，笔记本所扮演的角色仅仅是承载便笺的底板而已。真正的主角应该是记录信息的便笺，而笔记本所发挥的作用，就是让我们能自由地在其上排列便笺。如果将笔记本比喻成大型购物中心的话，陈列于其中的“商品”——记录有信息的便笺，才是真正的主角。

## 笔记本与便笺的“灵活性”是解决问题的关键

直接在笔记本上做完笔记后，就不能再对内容进行调整和修改了。

如果是电脑的话，还可以通过简单的剪切、粘贴等操作来调整位置，但对于实体的笔记本来说，是无法实现的。

不过，将笔记都记在便笺上，然后粘贴在笔记本上，就可以在任何时候进行自由调整了。

一张张的便笺都是相对独立的，如果出现写错的情况，就可以直接丢弃。这一特性也大大降低了做笔记的门槛。

利用便笺笔记的这种灵活性，就能创造出以往的笔记本或手账都难以想象的效果。

## 主角不是笔记本，而是便笺

在“便笺笔记法”中，笔记本所扮演的角色仅仅是承载便笺的底板而已。真正的主角应该是记录信息的便笺，而笔记本所发挥的作用，就是让我们能自由地在其上排列便笺。

如果将笔记本比喻成大型购物中心的话，陈列于其中的“商品”——记录有信息的便笺，才是真正的主角。

因此，对于笔记本来说，能帮助使用者充分利用便笺上记录的信息，才算发挥了真正的作用。

接下来，我们会说一说充分利用便笺的秘诀。

## 自由地粘贴、替换便笺，让创意如泉涌

通常我们会按照时间顺序，将做有笔记的便笺整齐地粘贴在笔记本上。不过，与直接在笔记本上书写的情况不同的是，我们事后还可以任意调整便笺的位置。

便笺的这种“灵活性”，与笔记本摊开后相当于A3纸面的“大面积”特性相结合，就能产生普通的笔记本或手账所不可比拟的特殊功能。我将其称作“便笺地图三兄弟”。

人们最常见的烦恼就是想不出好创意。可是，不管你如何烦恼，也无法解决这一问题。因为创意不是能硬想出来的东西，而是由很多个部分组合在一起形成的。也就是说，创意是需要将灵感的火花与过往的知识或经验相结合后才能形成的。

以拼图游戏为例，我们需要将灵感与经验等这些不同的板块

进行组合，才能解出名为“灵感”的谜题。

而在这方面，“便笺地图三兄弟”能发挥出强大的威力。

“便笺地图三兄弟”可以起到让灵感逐渐变成熟的孵化器作用。将A4笔记本的倒数几页纸空出来，利用这几页摊开后构成的A3纸面来进行操作。

在其中一面上实践便笺版的“曼陀罗思考法”，这可以称作“曼陀罗便笺地图”；在另一面上实践便笺版的“KJ思考法”，这可以称作“KJ便笺地图”；在最后一面上实践便笺版的“思维导图”，这可以称作“思维便笺地图”。

聪明的读者应该已经从这些名称中看出具体的做法了吧。其实，这就是将世界闻名的“创意思维方法”与便笺笔记的特点相结合的方法。

原本每一种方法都是很优秀的创意思维方法，现在加上便笺自由粘贴、替换的特性之后，效果将更加明显。

最有意思的是，虽然三者都是相对独立的个体，但我们可以借助便笺将其串联起来，这样就能同时运用这三种方法了。详细的做法，在本书最后做了介绍。

## 利用便笺与笔记本来解决所有问题

便笺上的笔记内容不仅仅可以粘贴到 A4 笔记本上，也可以用来撰写电子邮件或报告书。

这时，可以将便笺粘贴在电脑的显示器边框上。这样，我们就能很轻松地一边看着便笺上的笔记，一边敲键盘输入内容了。

用完的便笺可以重新贴到 A4 笔记本上，也可以丢到垃圾箱里。根据具体的内容来决定它的去留。

你是否有过类似的困惑：开会时发下来的资料，是直接在上面做笔记，还是另外写到笔记本或手账上呢？

直接在资料上做笔记，事后读起来会更容易理解，但是由于有些资料是机密文件，会后可能要被收回或销毁，这样的话，好不容易做好的笔记，岂不是“同归于尽”了？

反之，如果写在手账或笔记本上的话，由于缺少原始资料的支撑，不仅做笔记的时候很麻烦，事后读起来也不太容易理解。

在这种情况下，我们可以将便笺粘贴在会议资料上，然后在便笺上做笔记。

即使资料最后被收回，我们也可以把便笺揭下来粘贴到 A4 笔记本上。这样，事后至少还能回忆起开会时所用的部分资料。

## 像自动制导的导弹一样的留言条

当我们想要给同事留言时，通常会撕一张纸，在上面写几句话，然后放在对方的桌面上。

典型的应用场景就是希望对方回电的留言。

其实，在写这种留言条时，也可以统一使用便笺。

因为你已经养成了将所有的笔记都只记在便笺上的习惯，所以也就没必要为了留言专门准备单独的纸片。

将纸片放在对方的桌面上，有可能会被风吹走，存在遗失的风险。但换成便笺的话，就不会被吹走了。

可以将便笺粘贴在显眼的位置，这样才能保证对方能很快发现，比如对方所使用的电脑上。

这种方法，简直就像是会自动制导的导弹一样，能将信息准确地传递给目标（留言对象）。

而看到留言的人，也可以将这些便笺粘贴到他的笔记本或手账上，以便保存。

## 便笺笔记也能让你的考前学习更有效率

不要在教科书、参考书或复习题册上直接做笔记，而是粘贴上透明的便笺，并在其上书写笔记内容。

这样做的好处是，之后再进行整理和修改就会很容易，而且能缓解内心的抵触情绪。

同样，我们也可以不在学习用的笔记本上直接书写，而是使用便笺做记录，之后可以进行调整和替换。我们还可以将重点、难点或记不住的内容单独摘出来学习。

考试之前，我们可以将没记住的内容或重点的部分汇集到一起，进行集中式的记忆。我们还可以将那些总也记不住的内容粘贴在厕所的墙壁上或其他地方，让自己随时随地去记忆。

此外，在看书时，可以在重点的段落旁贴上便笺，并在上面写下自己的感悟或关注点，这样就很轻松地做成了一份读书笔记。

特别是借来的书，是无法直接在上面写写画画的，我们可以在上面贴上便笺做笔记，事后将便笺揭下来，粘贴到自己的笔记本上，非常方便。

## 将“To-Do任务列表”粘贴在目之所及之处

任务管理也是便笺的拿手好戏。当你想起某个不得不去完成的任务时，不管何时、何地、何种状态下，都请毫不犹豫地记录到便笺上。

此时，在后面加上一个方框（即“口”）会更方便，当你处理完该任务后，就可以在“口”上打勾，然后扔进垃圾桶里。

市面上所销售的手账中也会带有“To-Do任务列表”，我一直对此感到不可思议。

当有任务时，每次都要翻开手账找到“To-Do任务列表”的那一页，然后再记录到表格里。为了确认任务的状态，又要去翻看“To-Do任务列表”。

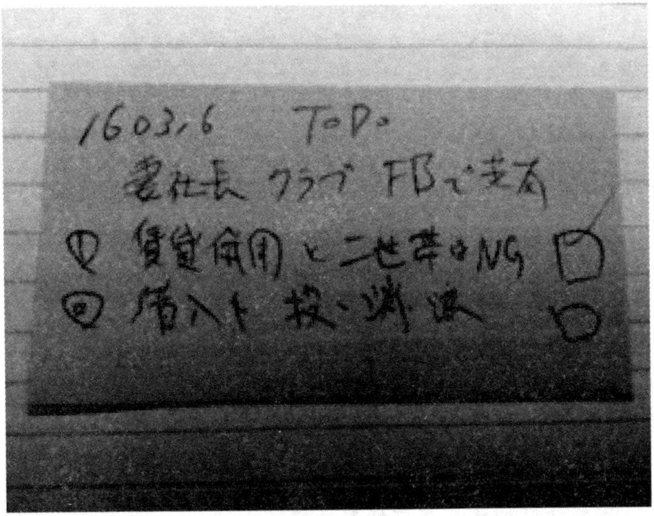

带有“□”标记的“To-Do任务列表”

毋庸置疑，你才是这本手账的唯一使用者。

可是，对于你这么一位如此重要的“客户”，手账却像发布命令似的，每次都要你亲自去查看“To-Do 任务列表”，这简直太任性无礼了。应该是“To-Do 任务列表”自动出现在你眼前才对啊。

本来，这些需要“To-Do”的任务都是与你当前的工作紧密相关的事情。

既然这样的话，那就将其夹入笔记本的最新一页里，这样才会更加方便。

所以，赶快在便笺上写下要做的任务，然后粘贴到现在正在使用的笔记本上吧。

这样一来，**即使你没有特别留意，这些任务也会每天自然而然地映入眼帘。**

“□”标记中没有打勾的都是还未完成的任务，可以随着笔记本纸面的更新，将相应的便笺移到新的一页上去。

由于“To-Do 任务列表”都是写在便笺上的，所以可以自由灵活地调整位置，比如可以根据任务轻重缓急的程度来排序。有些内容也可以记到日历行程上。

还有一个灵活运用有着“To-Do 任务列表”的便笺的方法，那就是**将其粘贴到执行任务的具体场所上。**

例如，“To-Do”的内容是给客户打电话，那就事先将便笺粘贴在公司的电话机上。如果是要上网搜索某个内容，那就事先将便笺粘贴在电脑的显示器上。

像这样，充分利用便笺随处可贴的特性，能将忘记处理任务的风险降到最低。

## 大项目是各种小任务的集合体

最麻烦的事情就是做项目。因为做一个项目并不像“To-Do”任务那样，看一眼就能知道要做什么，它所涵盖的内容并不仅仅是任务。

例如，我现在主持的有关“如何让妻子当社长”的研究项目，即使我在便笺上写下“召开一次研讨会”，研讨会也是没法顺利进行的。

因为召开研讨会并不是一个任务，而是一个项目。

为了召开研讨会，我需要与合作方或顾问们反复商榷这次研讨会的目的、理念、内容以及运作方式等，还要对日程、场地、讲师等做出选择和调整，还要做市场调研，通过宣传活动来召集听众。所以，必须正确规划好如此多的“To-Do”任务，才能最终做好这一项目。

总之，所谓的“项目”就是无数个小任务的集合体。

听众只能看到当天在研讨会现场发生的事情，但在此之前，我们需要花费数十倍的时间与精力，像垒砖块一样去做好筹备工作，以保证活动顺利进行。

在做一个项目时，首先要将该项目分解成一个个小部分。此时，便笺就能发挥威力了。在写有项目名称的便笺周围摆放上空白的便笺，然后将该项目的各种“To-Do”任务写上去，接着在这些便笺周围摆上“To-Do”便笺。如此这样，直到将其细分成具体的可以立即去做的小任务为止。通过这种细分的方式，才能得到一份真正可行的“To-Do任务列表”。

## 通过手动上传与自动下载让你的日程表实现同步

以前一提到手账，就会想到用其进行日程管理，但现在已经今非昔比了。手账的各种功能中，已完全被云服务所取代的就是日程管理。因此，对于我们现在所使用的手账来说，日程管理这项功能已经不是那么重要了。

当然，其作为一项重要的功能，仍然有存在的价值。

日程管理真的是一个众所周知的麻烦事。如果你有多张日程表的话，就不得不经常对其进行同步更新。不然的话，就有可能会出现时间冲突的情况。

解决这个问题的唯一方法就是使用云服务。

无论你身处任何地方，都能访问“云端”上的日程表数据，并进行添加、修改等操作。

谷歌日历与雅虎日历就是最具代表性的应用软件，只需单击一下，就能在月历、周历、日历之间切换，非常简单地管理你的日程和工作进度。

你也可以在平板电脑或智能手机等上面操作这些日历。

你还可以与其他成员共享日历数据，随时知晓对方的日程安排，甚至在对方的日历上添加预约信息。

此外，这些日历还提供定时提醒服务。

我认为要进行日程管理，最好别再使用纸质的手账，而是利用这种现代化的工具。

当然，无论 IT 技术如何发展，在快速做笔记这件事上，智能手机等工具还是敌不过笔和纸的。

如果只是要实现即时记录的话，还是用笔和纸最靠谱。

最终该如何选择，取决于你是不想出现时间冲突的问题，还是想迅速确认日程安排。

如果是前者的话，那就使用云服务；如果是后者的话，最好使用后文说到的打印日程表的方法。

大部分公司还会搭建内部的 OA 办公自动化系统。这样就可以便捷地在组织内部共享信息。

接到召开会议的通知后，就能在日历上一键生成预约信息。还能随时查看上司或同事的日程安排，并在必要时添加预约信息。

不过，出于信息安全的考虑，出门在外是无法通过外网登录OA系统的。

所以，有的人会选择“手动同步”的方式，将OA日历中的日程安排抄写到手账上，或者将手账上新添加的日程手工输入到OA日历里。

但是，如果上传和下载都要靠手动的话，就太烦琐了。

为此，我们可以定期将一整个月的OA日历打印出来。这样就省去了抄写到手账上的步骤，让工作更有效率。

虽然上传环节还是得靠手工敲打键盘来完成，但是下载环节已经自动化了。

打印出来的日程表可以折叠起来，跟便笺一起随身携带。外出时新增的日程安排，可以用便笺做记录，回到公司后再输入电脑里。

## 没做完的文件直接夹进 A4 笔记本里吧

工作中所用的资料大多是 A4 或 A3 尺寸的，而且都是零散的一张张纸，经常有遗失的风险。

很多人的做法都是将其毫无秩序地装入塑料文件夹中保管。

虽然看起来像在说别人，其实我自己以前也是这个样子。

这样混乱存放的资料，最终会有什么样的“命运”呢？

不知不觉间就被其他的资料掩埋，甚至最后我们都忘记了它的存在。

如果不是特别重要的内容，可能不会引起什么问题。但是，如果那些真正有用的资料找不到了，那就麻烦了。

有时候，当你怎么也找不到重要的资料时，会紧张得冒出一身冷汗吧。

如果不想再发生这种情况，就请将眼下与你的工作密切相关的资料都夹到 A4 笔记本里。

从开会时的文件，到打印出的电子邮件，所有的资料都放到“一个口袋”里。

如果是那种马上要用到的资料，可以夹在正在用的这一页或前后几页里。

**千万别折叠它们，因为看不到内容，会让查找变得很麻烦。**

只是简单地夹到笔记本里，就能提高工作效率。因为所夹的资料几乎都是与当前这一页的笔记内容相关联的，也是与你的业务密切相关的。

**你可以将打印出来的资料当成是写满了信息的大号便笺纸。**

顺便提一下，每次我通过电脑屏幕看邮件，肯定会遗漏一些内容。所以，我会将其打印出来阅读。

那些写满了抽象语句的邮件以及带有各种附件的邮件，都让人感到非常麻烦，仅仅通过大致浏览，无法弄明白发件人想要说什么。

没办法，我只好用 A4 纸打印出来阅读了。

这样一来，不仅不会遗漏信息，还能用记号笔在上面写写画画，将重点内容标注出来。

此外，打印出来的邮件，也能在开会时当简易资料来用。你还可以将其夹到A4笔记本里，作为一项未完成的工作来进行管理。

是不是有种因祸得福的感觉？

将邮件打印到A4纸上，能启迪你发现各种高效的办公方法。

## 资料是否重要，笔记本会自动区分出来

话是这么说，可是如果将所有的文件都夹到笔记本里，笔记本岂不是一下子变得很臃肿？

敬请放心！

夹在当前书写的这一页前后位置的文件，都是你手头正在忙的工作资料。

由于都是与你的工作直接相关的时效性信息，所以请充分地加以利用。

如果文件所处的位置是前几页的话，说明这个文件要么是需要你长期处理的，要么就是已经处理完的。

如果是需要你长期处理的文件的话，可以将其放入前文提到过的塑料文件袋里（参见“‘万能便笺笔记本’的制作方法与使

用方法”），或者用装订夹整理装订起来。

如果是已经处理完的文件，则可以放到公司专门的档案袋中，或者销毁掉。

不管是哪一种情况，由于这些旧文件总是夹在笔记本的前几页中，所以你一般都会注意到，并不会出现积压的问题。

像这样，随着笔记本内容的不断更新，所夹的文件会自动跑到前几页去。

所以，A4 笔记本自己就能告诉你该文件是否重要。

## 决定文件资料去留的过滤器

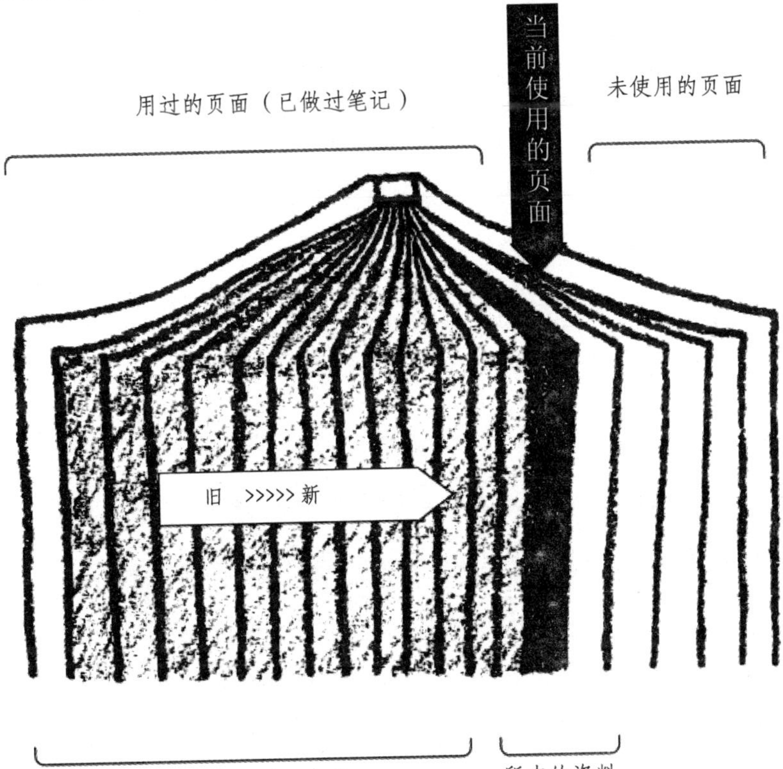


所夹的资料是旧文件：

用完的文件 or 重要文件

- 用完的文件：①放入专门的档案袋中保管 or ②直接销毁
- 重要文件：①用装订夹整理装订 or ②放入塑料文件袋中

所夹的资料是新文件：

手头的案子

继续使用，保持原样

## 不要折叠，也不要缩印，只要粘贴就好

文件不仅能夹在笔记本里，也可以粘贴到笔记本的页面上。

利用胶带，只需 3 步就能搞定。

比起写字来，粘贴更加节省时间，所以还是粘上去吧。

这种感觉就像粘贴写有笔记的便笺一样，将记载着重要内容的纸直接粘贴上去，就像都放到“一个口袋”里了。

直接粘贴的话，A4 尺寸的纸张可能会从笔记本的边缘露出来，但是套上笔记本保护套后，就不会那么明显了。如果你还是很在意的话，可以将纸张边缘的 1cm 处折一下，然后再粘贴。

如果是那种双面打印的资料，可以将这弯折的 1cm 部分粘贴在页面上。

最近，市面上出现了那种比 A4 开本更大一圈的笔记本，所以就无须这么费事地折纸了。

如果是小于 B5 开本的笔记本，要想粘贴 A4 尺寸的纸张，就必须用缩印或折叠的方式，但这样会降低工作的效率。

例如，要进行缩印的话，需要走到复印机前，设定纸张的尺寸大小，计算缩印的比例，进行复印，再将周围多余的纸张剪掉，然后才能粘贴。这么算来，最少需要 6 个步骤。而且缩印以后文字变得很小，让人难以看清。

如果是折叠起来的话，虽然只需 4 个步骤，但这是以牺牲“一览性”为代价的。在查找资料时，不得不来回翻页，并将折叠的文件一张张打开，之后还要再折叠起来。这样在无形中就降低了工作效率。

## 使用 A4 笔记本的话，保管的文件无须折叠

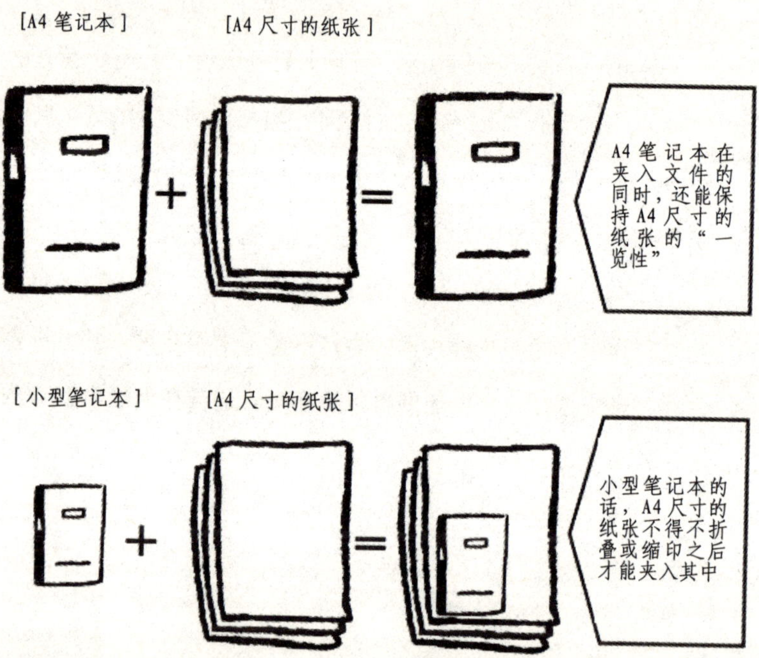

## 躺在床上也能记录想法的带LED灯的“梦之pad”

我在第3章中说过，由于便笺随处可贴，所以我们可以将任何地方都变成“速记本”。

那么，这里再介绍两个方便的小道具：一个是浴室速记本，另一个是“梦之pad”。

浴室跟前面提到的“三上”一样，都属于很难做笔记的环境，但我们可以在这里常备一些便笺。

推荐大家使用可以防水的薄膜便笺，而其最佳拍档就是传统的铅笔。

浴室速记本

使用饭店里常用来夹点菜单的那种小夹板，在其上粘贴好空白便笺，还可以把铅笔夹在上面。将其摆放在浴室的角落里，这样一个浴室速记本就制作完成了。

比浴室更麻烦的场所，是睡觉的床上。当你躺到床上以后，可能马上就有困意袭来了。而且在黑暗中没办法写字，所以人们通常都会想着先记在脑子里，等第二天早上起床后再做笔记。

此时，我们可以使用带 LED 灯的“梦之 pad”。

“梦之 pad”，恰如其名，是可以用来记录梦境或者迷迷糊糊时头脑中所冒出的灵感的笔记本。

将这个“梦之 pad”常备在枕边，就是最完美的方法了。

带 LED 灯的“梦之 pad”

“梦之 pad”并非市面上能买到的产品，我们需要从百元店里购买带有 USB 的 LED 灯，然后与充电宝组合起来。整个过程非常简单，任何人都能轻松完成。

只需像照片中这样，将小灯插入充电宝的 USB 端口，然后将空白便笺粘贴在充电宝上，这样就搞定了。

小灯的照明范围有限，只能刚刚照亮便笺，这样就不会打扰到睡觉的家人。整个成本还不到 2000 日元（约合 120 元人民币）呢。

## 让你的人生获得自由的“终极便笺笔记本”

我想告诉大家一件最重要的事情，那就是“终极便笺笔记本”的制作方法。

在第 4 章中，我介绍过“万能便笺笔记本”的制作方法，其实，我们只需要在那个透明的保护套的封面上插入“梦想实现表格”，就能将其升级为“终极便笺笔记本”。

**迄今为止，我已经将“梦想实现表格”中的内容一一做到了。**而且，我也欣喜地看到，每个听过我讲座的听众都纷纷实现了表格中的梦想。

所谓“梦想实现表格”，主要是由使命、故事线、未来年表这三个部分组成，每个部分中都隐藏着神奇的魔力。

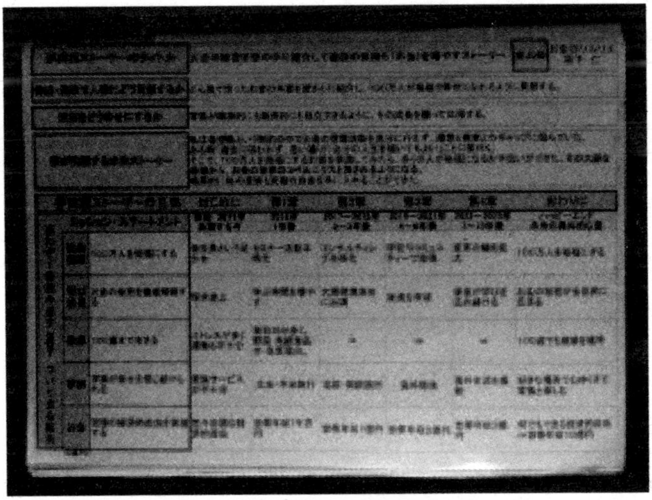

**夹入“梦想实现表格”的便笺笔记本**

让我们先从“使命”这部分入手。假如你已经拥有了金钱、时间、自信等，你最想去做什么事情呢？此时，你非常乐于去做的事情就是弄清楚你的“使命”。

总之，“使命”就是你最重要的价值观，是你活下去的理由。因此，当一个人带着自己的“使命”不断努力时，他将能连续不断地获得幸福感，同时也能为社会做出贡献。这样的话，家人之间的关系会更加和谐，家庭也会更加富裕。

认识到自己的“使命”是一件很难的事情，“便笺地图三兄弟”和思维导图等能帮助你做到这件事。

弄清楚自己的“使命”之后，我们再来绘制“故事线”。在

“5W1H”元素的基础上，再加入情感（Emotion）与感受（Feel），形成具备“5W1H1E1F”等元素的“故事线”。

通过绘制“故事线”的方式，能产生真实感、感动与共鸣。由于大脑意识（头）与潜意识（心）是互相关联的，这样就能催生出想将其付诸实践的强烈动机。

将这个“故事线”进一步分解，就形成了“未来年表”。在这一部分，可以形成项目、To-Do任务列表、日程安排等具体的内容。

通过制作“梦想实现表格”，能更容易获得家人的理解。因为“梦想实现表格”的影响范围可以波及家人的潜意识（心）。

虽然是自己的家人，但是只讲一些道理，只能让他们在大脑意识（头）层面上理解你。即使表面上能理解，但潜意识（心）里如果还是不接受的话，就很难与你产生共鸣。只有家人发自内心地接受了，才会愿意协助你。

例如，我在10年前写下了一个笼统的梦想：先实现财务自由，然后在2022年移居海外。这个梦想让我的家人产生了共鸣，成了我们家共同的梦想。于是，差不多7年前，我就在国外的度假胜地购置了一所公寓。

所以你看，**“梦想实现表格”能够将潜意识（隐性知识、心声）**

**所具有的能量放大，甚至让家庭中的所有成员都产生共鸣，**这样一来，效果会更加明显，其结果就是真的实现了梦想。

“梦想实现表格”本身就隐藏着让你的人生获得自由的力量，如果将其与便笺笔记相结合，构成一个整体，就能发挥出更加强大的力量。

当你将便笺粘贴到笔记本上时，不管你愿意与否，封面上的“梦想实现表格”都会跃入你的眼帘。每天都能看到自己的“梦想”，就绝对不会将其忘记。当这个“梦想”深入你潜意识的每个角落时，自然就能实现了。

## 现在就立刻在便笺上记下这个关键词吧

当你读到这里时，应该能够理解我为什么说通过在便笺上做笔记再粘贴的方式，就能实现人生的逆袭了吧？

利用便笺，能捕捉我们潜意识中如流星般的灵感。将这些便笺都粘贴到笔记本上，经过组合后就能形成创意。

如果使用“便笺地图三兄弟”的方法，效果将会更显著。

接着，我们就能据此想出各种“项目”，或者将其与“梦想实现表格”相结合，产生强烈的将其付诸实践的动机。

然后，将“项目”或“未来年表”进行简单分解，就能形成具体的 To-Do 任务列表、日程安排计划等。

因为已经有了强烈的动机，所以将这些任务“化作”实际行动就比较简单了。

在行动的过程中，又会累积新的成功经验或失败经验，梦想也会随之一点点地实现。最后，自己的内心世界也得到了深化。而输入到潜意识中的内容则会越积越多，从而产生出新的灵感。仅靠一张小小的便笺，就能让你的人生永远朝着正面积极的方向前进。

有了这张便笺，以前那个没钱、没时间、没自信的你，将会获得财务自由、时间自由、自信自由。

因此，现在就动手吧。

## 便笺笔记法就是这样来改变你的人生的

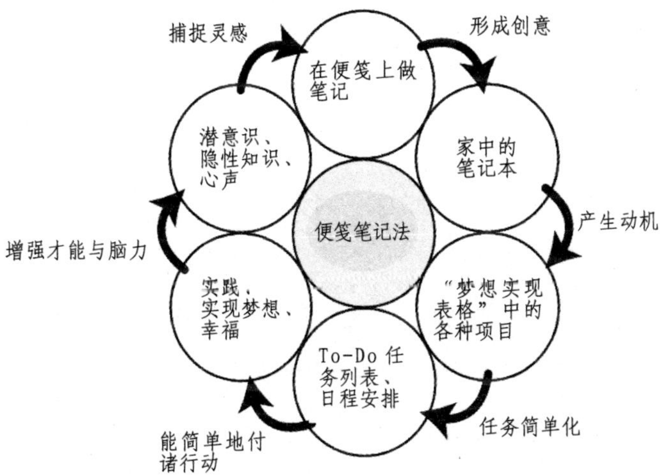

# 后　记

非常感谢你能把这本书看完。也许你已经注意到了，我在这本书中公开的方法可谓是我自己的“商业机密”。

之前我已经沦落到了破产的边缘，但正是那个时候金钱上的不自由，让我有机会领悟到了金钱的本质。

受此启示，我开始创办自己的公司，还想出了“让妻子当社长”的方法。

我之所以能做成这些事情，就是因为本书中所讲述的简单且有效的思维模式给了我动力。

以不同于以往的方式来利用便笺与笔记本，仅通过这种“转变”，就能**让灵感和创意如爆米花般地冒出来。**

正是因为掌握了这种思维模式，我的人生才迅速地走上了一个台阶。

其实，便笺本身就是一个在“转变”的思维下诞生的产品。而容易粘贴的黏着剂就是一种预料之外的产物，将其用到便笺上以后，就“转变”成了一种新工具。而这种创新型的商品也让我们的办公场景发生了特别大的变化。

像这样，即使是已经存在的事物，通过非常规的使用方法，或者将其放置到其他场所，也能为你和家人的生活带来特别大的变化。

将这种方法介绍给更多的人，让更多的人获得喜悦，那些“代表着感谢之情”的金钱也就会进入你的口袋。

以长远的眼光来看，这种方法没准儿还具有改变世界、改变历史的威力。

“便笺笔记法”非常简单，是一种很容易再现的模式。因此，任何人都能轻松地运用它，记录自己的关注点或者创意。

我们可以在便笺笔记本的纸面上运用“便笺地图三兄弟”，同时结合任意调整位置的技巧和任意替换的技巧，让创意的产生变得易如反掌。别忘了，还有更厉害的“**梦想实现表格**”。

“便笺笔记法”是一种能有效运用潜意识或隐性知识力量的方法，而“梦想实现表格”能进一步放大潜意识的力量，让家庭成员产生共鸣，从而使效果更佳，最终实现梦想。**其威力只有亲**

**身实践过的人，才能体会得到。**

大部分来听我的“让妻子当社长”讲座的听众，都是对创办私人公司或私人商业非常感兴趣的人。在听完讲座的几个月后，我收到了他们的反馈，他们异口同声地称赞了“梦想实现表格”的效果——仅仅几个月前才写下的东西，竟然不可思议地真的实现了。

每次当我收到一对夫妇惊叹其效果的反馈时，都惊叹于“梦想实现表格”的神奇力量。

学生时代，我曾读过岸田秀（心理学家、和光大学名誉教授）所写的《懒惰者的精神分析》一书，并受到了极大影响。

在那本书中，贯彻始终的是一种叫作“唯幻论”的思想。作者提出了一种讥讽的想法，他认为人类是一种本能很坏的动物，人类社会的形成也是建立在“集体的幻想”之上的。大家共有的幻想，形成了这个社会的基本结构。

如果顺着这个思路来看的话，那友情、爱情和社会也全都是“幻想”了。例如，所谓的“友情”，不过是朋友之间将对方幻想成了“挚友”而已，人与人之间其实就像是迷雾般的关系。

最开始接触这一想法时，我很受打击，甚至觉得既然这个世界都是幻想出来的，那么是否就可以过那种“今朝有酒今朝醉”的生活呢？

后来，当我意识到金钱也可以代表感谢之情时，便产生了一种积极的想法：倘若整个社会是基于“幻想”形成的，那么，如果有一个好的“幻想”，并将其付诸实践，整个社会不也能跟着变得更好了吗?

最后的结果就是我真的相信了有好的“幻想”存在，并且确信可以将梦想的范围扩大到家人与社会的范畴。也就是说，“梦想实现表格”是一种积极地运用“唯幻论”的方法。

除了做笔记的方法和财务方面的培训外，我觉得还有很多像学习时间、环境保护等在学生时代就应该重视的真正重要的事情。

假如在学生时代就能了解金钱的本质、正确的做笔记方法以及“梦想实现表格”的话，就等于没有虚度20年的人生。

因此，今后我会同一些教育机构合作，面向男女老幼，推广真正有益的思维方法。

其实，在撰写本书的时候，我的心中就已经萌发出了这个新的“使命”。

**我之前已经说过，“便笺笔记法”的本质就是一种思维模式；是一种积极正面地运用“唯幻论”或“集体幻想论”的模式；是一种能够弥补传统手账或笔记本弱点，并强化其优势的模式；是一种能克服各种创意方法的弱点，并使效果倍增的模式；是一种能有效运用潜意识的力量，并进一步将其放大的模式。**

**仅靠一个便笺笔记本，就能让你实现上面所说的所有内容。**

掌握了这一方法，就不会再有解决不了的问题和实现不了的梦想了。

幸运的是，你已经认识到了“便笺笔记法”所隐含的威力。它不但能让你此前仅一纸之差就备受损失的人生成功逆袭，还具有实现财务自由、时间自由、自信自由的现实意义。所以，你要做的就是去实践它。

一般来说，付诸实践是最难的一关。但是，在便笺上记下三言两语是立刻就能去尝试的简单方法，所以也没有任何理由拒绝。那么，就先从让你“不自由的人生”转变成“自由的人生”这件事开始吧！

坂下仁

## 好用的笔记本或手账的 10 条原则

1. 在任何时候、任何地点都能做笔记（便携性）。

2. 一步搞定，实现即时记录（便捷性）。

3. 将所有的信息都毫不费力地聚集起来（“一个口袋”）。

4. 纸面够大，能对信息一览无余（一览性）。

5. 能根据不同的用途与喜好进行定制（灵活性）。

6. 能兼容工作上常用的 A4 纸（A4 纸兼容性）。

7. 不需要详细的规则和技巧就能使用（简便性）。

8. 任何人都能轻松坚持使用下去（连续性）。

9. 在日程管理的功能上做出妥协（日程管理的妥协性）。

10. 不需要太大的成本（经济性）。

## 由做笔记的 3 大要求推导出的 10 条原则

| | 最低要求 | 笔记本与手账的 10 条原则 | |
|---|---|---|---|
| 1 | 即时记录 | 第 1 条　便携性<br>第 2 条　便捷性 | 为用户考虑的理念 |
| 2 | 快速检索 | 第 3 条　"一个口袋"<br>第 4 条　一览性 | |
| 3 | 灵活高效 | 第 5 条　灵活性<br>第 6 条　A4 纸兼容性 | |
| | 大的前提 | 第 7 条　简便性<br>第 8 条　连续性 | |
| | 其　他 | 第 9 条　日程管理的妥协性<br>第 10 条　经济性 | |

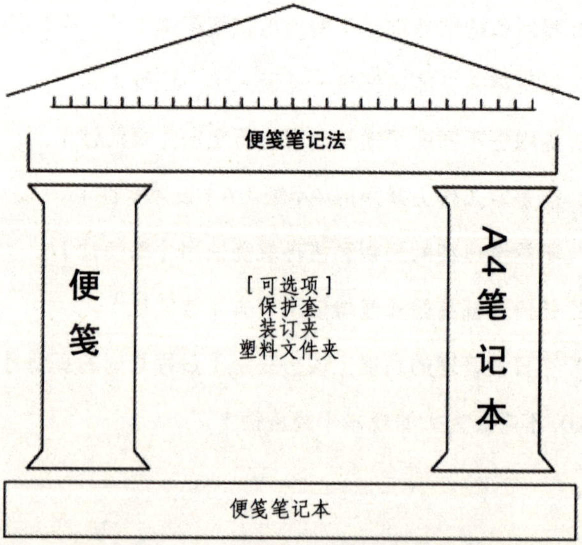

# 独门秘籍：未公开的原稿

## 利用“便笺地图三兄弟”，挖掘出埋藏在深处的宝藏

我们使用智能手机或电脑在互联网上检索信息的过程，是无法让我们产生任何新的创意的。

因为，所谓的“创意”就像玩拼图游戏一样，要将关注点和灵感等板块相互组合，让其从我们的想象力、创造力以及实际行动中诞生出来。

总之，创意是不可能从外部获得的，而是从我们自己的实际感受以及充满热情的追求中产生的。创意通常会带来变革，从而为我们开启一个未曾想过的未来。

每个人获得未来幸福的方式都是相同的。

先是头脑中涌现出一些画面，然后发自内心地产生了想将其实现的欲望（动机），最后落实到实际行动中，获得幸福。

你已经知道我想说的是什么了吧？

无论你在外部世界如何探索，也不可能找到你想要的那个宝藏。

使用智能手机或电脑搜索出的信息，或者从他人那里获得的信息，这里面都不可能有宝藏。

也就是说，宝藏不可能从外部获得，它只存在于你的内部。

而“便笺地图三兄弟”这样一个工具，却能帮助我们发掘出自己内部所隐藏的宝藏。

所谓“便笺地图三兄弟”，就是利用便笺将三种创意思维方法串联起来。

具体来说，是由便笺版的“曼陀罗思考法”（即“曼陀罗便笺地图”）、便笺版的“KJ 思考法”（即“KJ 便笺地图”）以及便笺版的“思维导图”（即“思维便笺地图”）三部分组成的。

下面，我们就依次来了解一下它们吧。

## 曼陀罗思考法：从 1 个鸡蛋中诞生出 8 个创意的绝技

“曼陀罗思考法”是由松村宁雄开发的一种思维方法。首先画一个九宫格（3×3），然后在正中间的格子里写上主题。围绕这个主题，在周边的 8 个格子里写出你所能联想到的关键词或创意。这是一种半强制性的思维拓展方法。

“曼陀罗思考法”与“便笺笔记法”的兼容性很强。我们在 A4 笔记本上留出倒数几页，来专门实践“曼陀罗思考法”。将笔记本摊开后，在 A3 纸面的中央位置贴上一张做好笔记的便笺。

当然，你想到新的主题后，可以随时将其替换掉。原始的“曼陀罗思考法”，就是要求在其周边的 8 个格子里填入你所能联想到的关键词。

然而，便笺版“曼陀罗思考法”的做法更先进一步，就是先在主题便笺的周围粘贴上 8 张空白的便笺，然后将你联想到的关键词分别写到这 8 张便笺上。

接下来，就是“曼陀罗便笺地图”发挥本领的时候了。

在这 8 张便笺中，如果有你觉得可以展开思考、继续深挖的内容，那么你就可以将那张便笺单独拿出来，粘贴到前后几页中。

然后，以同样的方式，在它的周围再贴上 8 张空白的便笺，并写下新的关键词。

这样一来，我们就可以不断地思考与挖掘，让思维得到无限延伸。

此外，还有一些其他的使用方式。例如，我们可以在 8 张便笺的周围再贴上 16 张便笺。

## “曼陀罗便笺地图”示意图

| 在手账里，再附带上另一个笔记本，怎么样？ | 同时使用罗地亚笔记本怎么样？或者用便笺来代替？ | 用格式更加灵活自由的笔记本来代替手账使用怎么样？ | 桌上的可以随手记录的纸片能否与手账或笔记本一体化呢？ | 用智能手机里的记事本功能，是否也是一种方法？ |
|---|---|---|---|---|
| 使用像日记本那样厚度的手账，怎么样？ | F: 手账的缺点是版面太狭小，一下子就写满了。 | C: 手账的缺点是格式是固定的，做笔记时不够灵活。 | G: 手账的缺点是无法做到即时记录。 | 不仅是桌面上，在钱包、手提包、车子、厕所、床上等这些地方都要常备便笺。 |
| 使用商务日志本那样的大号手账，怎么样？ | B: 手账的缺点是纸面太小，很难一览无余。 | 【主题】能否让手账更好用一些呢？ | D: 手账还需要将内容抄写到业务笔记本上，很麻烦。 | 手账上的笔记能否撕下来，粘贴到笔记本上？ |
| 换用A4笔记本怎么样？能将资料原模原样地夹进去。 | E: 手账的缺点是不能将资料夹到手账里。 | A: 手账的优点是很小巧，容易携带。 | H: 手账的缺点是在日程管理方面很麻烦。 | 能否用云服务来进行日程管理？ |
| 折叠的话怎么样？→不打开的话，就看不到其中内容，不清楚是什么资料。 | 缩印的话怎么样？→要一点点地计算缩印比例，还要进行裁剪，很麻烦。 | 使用罗地亚No.11款笔记本或者便笺（75mm×75mm）这样的小巧又便携的产品。 | 谷歌日历虽然方便，但不能立刻调阅，也无法做到即时记录。 | 使用云服务后，所有成员都能共享日程安排信息。 |

## KJ 思考法：通过调整分组让创意加速涌现

标准的“曼陀罗思考法”，到“提取创意”这一步就算做完了。但是，在“便笺笔记法”中，还可以进一步强化。

我们可以将通过“曼陀罗便笺地图”获得的创意元素再运用到“KJ 思考法”中。

“KJ 思考法”是文化人类学家川喜田二郎为了总结数据而发明出的一种思维方法。

在小卡片上写下关键词，然后通过排列组合的方式，来刺激大脑产生新思路。同样，我们可以采用便笺与“KJ 思考法”相结合的方法。

在便笺笔记版“KJ 思考法”中，首先，要将相关的便笺进行分组。

然后，通过变换不同的切入口来刺激大脑，从而使我们的思维向四面八方扩展。

具体来说，通过对多张便笺进行分组，可以产生新的想法。我们可以根据不同分组中的切入口，来重新组合各种想法。就像下面的“KJ 思考法示意图”一样，去展开我们的思考。

像这样，一边刺激我们的脑力，一边冒出新的想法。我们可以随时使用一张新的便笺，将关键词添加进来。我们也可以使用不同颜色的便笺来加以区分，这样事后回忆整个过程时会更加轻松。

“KJ 思考法”中所串联起的内容，其实就是在“曼陀罗思考法”中出现频度最高的那些关键词。

“曼陀罗思考法”就像玩联想游戏一样，让我们的思维不断地向外扩展，如前面提到的“曼陀罗思考法示意图”那样，不断地产生新的内容。这些膨胀的想法，再经过“KJ 思考法”进行浓缩还原，从而诞生出新的关注点、课题以及解决对策。

用这种方式，将“曼陀罗思考法”和“KJ 思考法”紧密连接起来，不管你愿不愿意，都能涌现出许许多多的创意。

## “KJ 思考法”示意图

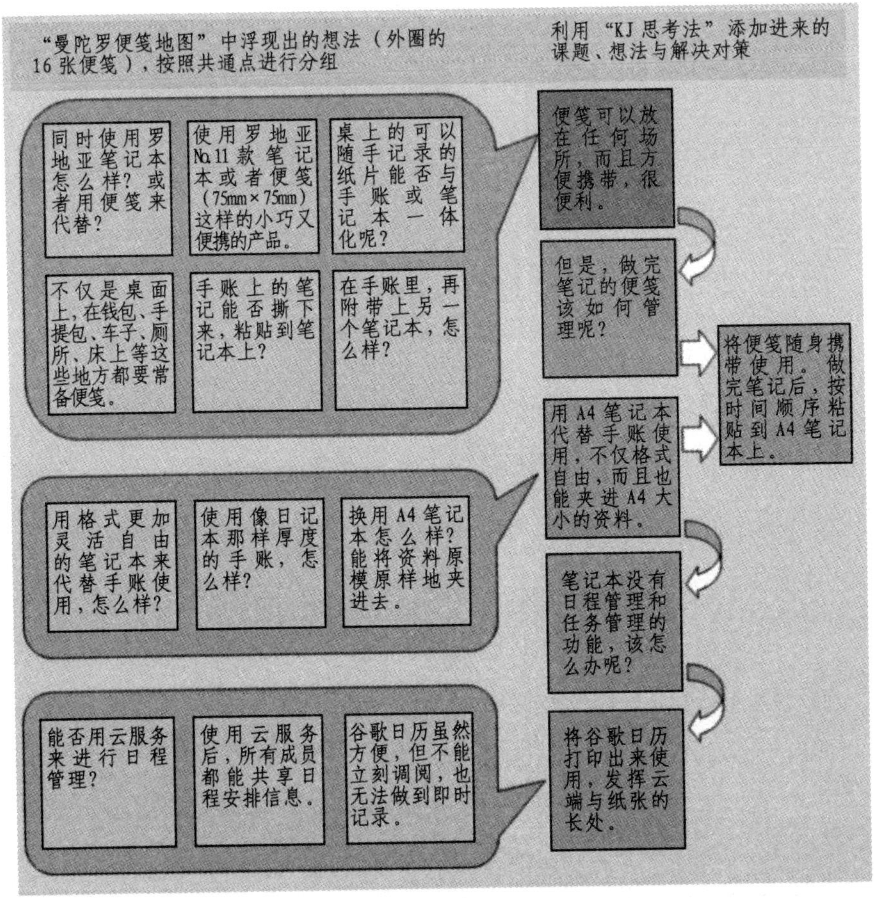

“曼陀罗便笺地图”中浮现出的想法（外圈的16张便笺），按照共通点进行分组
利用“KJ 思考法”添加进来的课题、想法与解决对策
同时使用罗地亚笔记本怎么样？或者用便笺来代替？
使用罗地亚No.11款笔记本或者便笺（75mm×75mm）这样的小巧又便携的产品。
桌上的可以随手记录的纸片能否与手账或笔记本一体化呢？
不仅是桌面上，在钱包、手提包、车子、厕所、床上等这些地方都要常备便笺。
手账上的笔记能否撕下来，粘贴到笔记本上？
在手账里，再附带上另一个笔记本，怎么样？
便笺可以放在任何场所，而且方便携带，很便利。
但是，做完笔记的便笺该如何管理呢？
将便笺随身携带使用。做完笔记后，按时间顺序粘贴到A4笔记本上。
用A4笔记本代替手账使用，不仅格式自由，而且也能夹进A4大小的资料。
用格式更加灵活自由的笔记本来代替手账使用，怎么样？
使用像日记本那样厚度的手账，怎么样？
换用A4笔记本怎么样？能将资料原模原样地夹进去。
笔记本没有日程管理和任务管理的功能，该怎么办呢？
能否用云服务来进行日程管理？
使用云服务后，所有成员都能共享日程安排信息。
谷歌日历虽然方便，但不能立刻调阅，也无法做到即时记录。
将谷歌日历打印出来使用，发挥云端与纸张的长处。

## 只有便笺笔记才能让你随心所欲地组合各种创意

虽然“KJ 思考法”和“曼陀罗思考法”都是著名的思维方法，但是它们也有缺点。

例如，“KJ 思考法”主要使用的是卡片，但这些卡片很容易弄得乱七八糟，管理起来很麻烦。

为了能将分组的状态保存下来，只能用拍照的方式留存。而“曼陀罗思考法”，一般都是用笔直接在纸上绘制，所以，后期也无法任意地排列组合。

如果使用便笺的话，就不会有上述这些问题了。将便笺粘贴在纸面上，就相当于半永久式地保存，而且在排序和添加时也非常灵活自由。

况且，灵感并不会总在我们使用这些思维方法时出现。

当你离开座位去上厕所时，或者将笔记本合上外出时，这些灵感可能就会像流星般瞬间消失。这就是灵感自身的特点。

要想捕捉到这些神出鬼没的家伙，就只能使用如侦探般擅长“蹲点”的便笺了。

当你回到办公桌前时，就能将记录着灵感的便笺粘贴到纸面上了。

顺便说一下，这种便笺地图也可以在白板或A3大小的纸上进行。只不过，白板的话，不可能一直被便笺所占据。而A3纸的话，不太方便保管，容易丢失。可如果是A4笔记本的话，只需将其合上，就能将当前思考的状态一直保存下去。

这些浮现出的关键词，与后文将要说到的“思维便笺地图”相结合，就能转变成企划书或报告等具体的形式。

## 让企划书和报告不可思议地自动形成

利用“思维便笺地图”就能让我们很轻松地制作企划书等东西。

我们制作报告书的目的，就是要让上司、总部或者客户能清晰快速地理解我们提出的方案。为此，我们要将重点井井有条地整理出来，做到通俗易懂。

具体来说，报告书必须有三个要素：**主题（项目名）、结论、理由**。而我们撰写报告书时也要按照这一顺序进行。

我们可以在笔记本的纸面上依次粘贴写有主题、结论、理由的便笺。

根据不同的案子，我们还要添加上前提条件、参考数据、前后经过、背景资料等内容。而那些干扰思维的多余信息，则要大胆地舍弃。

## 思维便笺地图：你的专属自动秘书

让我们再说得具体一点。

首先，我们将笔记本的倒数几页留作“思维便笺地图”用，将写有主题的便笺粘贴上去。

一般“曼陀罗思考法”和“KJ 思考法”中所用的主题便笺都是可以通用的。

我们可以将写有主题、结论、理由、背景、需求等内容的便笺依次进行分组，然后粘贴。

甚至可以从 A4 笔记本中的其他页面的便笺中选出与该主题相关的内容，然后粘贴上去。

这项操作本身是很简单的，当你实际去做时就会明白。

看着一张张便笺上的内容，判断其与哪个项目有关，然后机械地进行分类粘贴就行。

之后，按照主题、结论、理由等的顺序，将便笺上的内容输入电脑，这样就完成了一份报告。

什么？是不是有种被欺骗的感觉？

写报告原本不是一件很麻烦的事情吗？

我想谁都有过这样的经历，为了制作一份报告，绞尽脑汁地思考，该用何种结构、具体该如何撰写等。不断地拖延，时间长了，就懒得去写了。我自己就无数次地犯过懒。

但是，有了“思维便笺地图”，就可以毫不费事地做出一份报告了。我自己也因“思维便笺地图”而受益良多。

在职场上，要和我的几十名部下一起面对很多客户，每天都忙得焦头烂额。

和大客户会谈，信息泄露而使公司受损……每天都有各种乱七八糟的状况发生。

要迅速妥当地处理这些问题，还要将来龙去脉向上级部门汇报；不断地推敲业务计划……我之所以全能应付得来，也是托了“思维便笺地图”的福。

我在撰写《马上就让妻子当上社长吧》这本书的时候，也是利用了“思维便笺地图”来构思整本书的结构的。

后来，我收到各位读者的反馈，其中最多的是表示书的内容很容易懂。我想这应该也是因为“思维便笺地图”发挥了作用吧。

## “思维便笺地图”示意图

【主题】

能否让手账更好用一些呢？

【结论】

将便笺随身携带使用。做完笔记后，按时间顺序粘贴到A4笔记本上。

【优势】

便笺可以放在任何场所，而且方便携带，很便利。

用A4笔记本代替手账使用，不仅格式自由，而且也能夹进A4大小的资料。

将谷歌日历打印出来使用，发挥云端与纸张的长处。

【需求】

用格式更加灵活自由的笔记本来代替手账使用怎么样？

使用罗地亚No.11款笔记本或者便笺（75mm×75mm）这样的小巧又便携的产品。

桌上的可以随手记录的纸片能否与手账或笔记本一体化呢？

不仅是桌面上，在钱包、手提包、车子、厕所、床上等这些地方都常备便笺。

同时使用罗地亚笔记本怎么样？或者用便笺来代替？

手账上的笔记能否撕下来粘贴到笔记本上？

换用A4笔记本怎么样？能将资料原模原样地夹进去。

能否用云服务来进行日程管理？

使用云服务后，所有成员都能共享日程安排信息。

谷歌日历虽然方便，但不能立刻调阅，也无法做到即时记录。

## 我在写书时所做的“思维便笺地图”照片

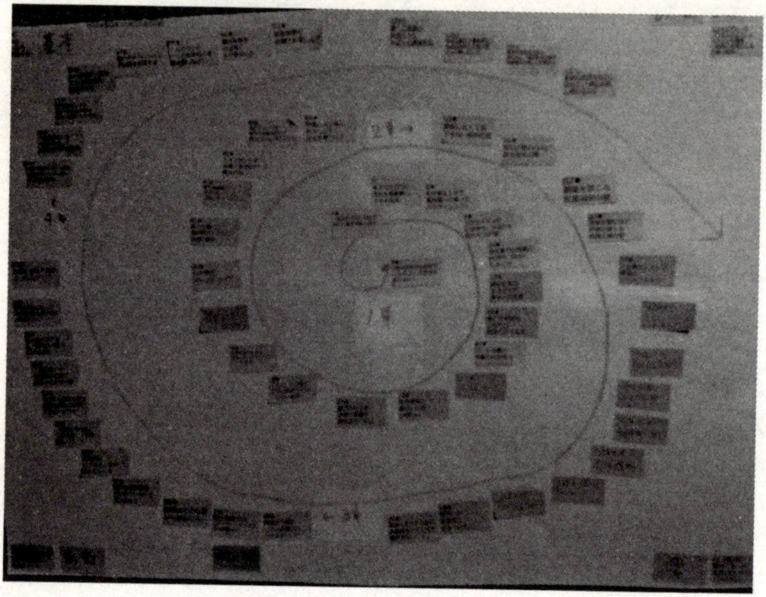

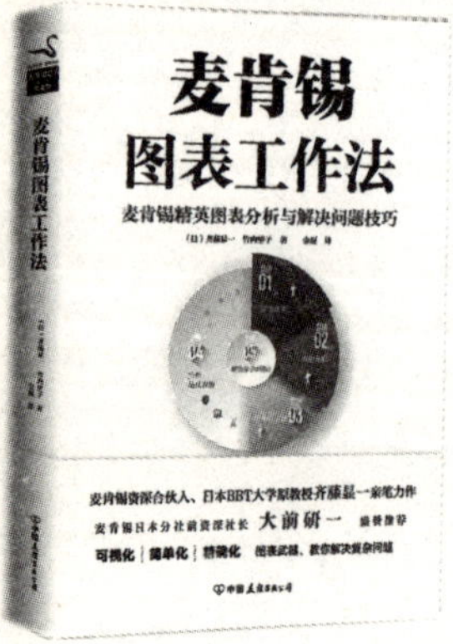


## 《麦肯锡图表工作法》

**麦肯锡多年合伙人齐藤显一亲笔力作**

**麦肯锡原日本分社社长大前研一盛赞推荐**

麦肯锡数十年图表经验，让问题可视化、简单化、准确化。

让图表成为武器，轻松解决复杂问题，走出工作困境。

世界知名的传奇战略管理咨询公司，如何有效地整理需要的资料？如何有效地传达复杂的信息？如何更快地打动重要的客户？

五大流程以图制胜：评估数字→判断商机→思考价值链→分析基础设施→解决复杂问题

## 《学会提问：麦肯锡工作法》

**“麦肯锡研究专家”、麦肯锡管理咨询师大岛祥誉**

**教你麦肯锡盛行数十年的“提问式思维”，全面打造你的提问能力**

提问，可以让我们将思维聚集到正确的方向上，让大脑朝着这个方向思考，达到通过提问控制思维的目的。

提问的价值？如何提问？什么是好的提问？

本书将帮你掌握提问的方法并切身体验其带来改变的能力，让你面对工作和生活时不再焦虑。

# 《高效阅读》

**公众号“章鱼阅读”创始人、知乎大V陈章鱼作序推荐**

**拆书帮创始人、《这样读书就够了》作者赵周倾力推荐**

超实用的阅读技巧指南　超全面的“阅读战略观”

日本Read For Action读书会创办人之一、速读大师渡边康弘创立的神奇阅读法，20分钟读完一本书，帮你告别不善阅读。

不用经过特别训练，你只需要拿起1张纸和1支笔，还有这本书，就能得到超越以往的阅读体验。

# 《把碎片化的时间用起来》

**有效利用每分钟，你将离精英更近一步！**

为什么别人身价升值你却在贬值？

怎样利用碎片时间创造超额价值？

如何把每天24小时变成48小时？

本书将教你学会专注、掌控、规划、执行！

日本经济学家野口悠纪雄带给你简单且超有效的时间管理新方法，通过手掌革命将时间进行“可视化”管理。

提高效率，拯救拖延症，让每分钟都变得有意义。